国家公园
治理模式与机制研究

郭甲嘉◎著

中国经济出版社
CHINA ECONOMIC PUBLISHING HOUSE

·北京·

图书在版编目（CIP）数据

国家公园治理模式与机制研究／郭甲嘉著．—北京：
中国经济出版社，2023.6
ISBN 978 – 7 – 5136 – 7319 – 8

Ⅰ.①国… Ⅱ.①郭… Ⅲ.①国家公园 – 管理 – 研究
– 中国 Ⅳ.①S759.992

中国国家版本馆 CIP 数据核字（2023）第 083776 号

责任编辑　郭国玺
责任印制　马小宾
封面设计　任燕飞工作室

出版发行　中国经济出版社
印 刷 者　北京柏力行彩印有限公司
经 销 者　各地新华书店
开　　本　710mm×1000mm　1/16
印　　张　11.25
字　　数　166 千字
版　　次　2023 年 6 月第 1 版
印　　次　2023 年 6 月第 1 次
定　　价　98.00 元
广告经营许可证　京西工商广字第 8179 号

中国经济出版社 网址 www.economyph.com **社址** 北京市东城区安定门外大街 58 号 **邮编** 100011
本版图书如存在印装质量问题，请与本社销售中心联系调换（**联系电话：010 – 57512564**）

前　言

自 1872 年全球第一个国家公园在美国黄石地区建立以来，国家公园作为保护自然和文化遗产代际传承的重要类型，为平衡生态保护与区域发展提供了重要的经验借鉴。面对我国自然保护地体系的历史遗留问题与现实挑战，党的十八届三中全会明确提出建立国家公园体制，经过 8 年"摸着石头过河"，首批国家公园于 2021 年正式设立。

在全球化治理运动与公共治理范式转变的影响下，需要构建符合我国国情的国家公园治理体系，促进生态、经济和社会协调发展。本书从多元主体视角入手，聚焦国家公园治理模式与机制，探讨国家公园治理过程中政府、市场和社会主体的边界、功能与互动，主要内容包括：

第一，梳理我国自然保护地体系的演进历程与历史遗留问题，提炼出我国引入国家公园的现实依据，即通过国家公园复合功能来探索平衡生态保护与区域发展的本土模式，通过主体地位引领自然保护地体系的重构与改革；作为典型的社会—生态系统，国家公园治理逻辑在于培育保护与发展的共生关系、调和多元主体的利益冲突，依靠适宜的治理系统（包括治理模式与管理体制），规范和激励行动者（多元主体）在个体目标实现的过程中形成生态保护动力，从而促进生态保护集体行动目标的实现。

第二，国际上的自然保护治理模式主要有政府治理模式、共同治理模式、私有治理模式和社区治理模式 4 类。其中，政府治理模式是实践主流，共同治理模式是发展趋势。我国国家公园治理模式需要在政府治理模式与共同治理模式中进行动态调整，因地制宜地进行模式创新与应用。本书基于主体多元、公平性、协调性和动态调适 4 个构建原则，探讨构建"政府主导下利益主体参与治理模式"和"多利益主体联合治理模式"的可行性，重点从治理结构和互动关系两方面对治理模式的运作机制进行阐述，并对两种治理模式的优势、侧重点和适用条件进行分析。

第三，"政府主导下利益主体参与治理模式"和"多利益主体联合治理模式"在运作过程中面临一定的风险与挑战。为保障多元主体各司其职、高效互动，本书从决策、执行和监督环节识别了两种治理模式运作机制的潜在风险，并通过故障树分析法梳理了风险事件与致险因子。两种治理模式的核心致险因子具有高度共性，主要表现为意识淡薄、理念差异和动力不足。为防范和化解潜在风险，本书设计了包含目标协同和行动协作两个维度的治理保障机制框架，通过培育动力、提升意识和统一理念提高治理模式运作的有效性与稳定性。其中，目标协同以激励相容为准则，包含利益驱动机制和社会学习机制；行动协作以信息效率为准则，包含信息共享机制和激励约束机制。

第四，通过对大熊猫国家公园（试点区域）自然条件与社会情境的实地调研、综合评估与分析，本书发现，现阶段大熊猫国家公园尚未形成"生态共同体"，地方政府能力、主体意识理念和社会资本供给等难以满足生态系统的全面保护需求，更适用政府主导下的利益主体参与治理模式。结合治理模式运行的潜在风险和国家公园治理保障机制，本书针对大熊猫国家公园治理提出了提升利益驱动效益、凝聚治理共识、突破信息壁垒和激励集体行动等的可行性建议。

本书内容是对国家公园研究的浅显认知总结，受知识水平和实践经验所限，或许会存在诸多不足之处，这也是我未来继续完善研究的动力。

借此机会，我想向导师沈大军教授和靳敏教授表达由衷感谢，感谢两位教授对本选题的支持和答疑解惑，同时，他们严谨的学术态度和豁达的人生态度时刻感染着我。

感谢家人对我的包容与支持。

郭甲嘉

2022 年 10 月

目　录

绪　论

第一节　研究背景

一、国家公园理念及内涵的丰富与发展

自然保护的理念随着社会生产力的变革而不断更新，并融入新的内涵。关注生态整体性、生物多样性和生态系统健康逐步成为自然保护的关键理念（何思源，2019）。生物多样性的保护方式主要有迁地保护（Ex Situ Conservation）、就地保护（In Situ Conservation）和离体保护（In Vitro Conservation）3种（唐芳林，2010）。国家公园作为就地保护的重要载体与形式，在保护生态环境、生物多样性和自然文化遗产方面发挥了重要作用（吴承照，2015）。

国家公园的孕育与发展离不开现代环境保护和自然保护运动的推动。19世纪初，德国科学家洪堡（Alexander von Humboldt）提出通过建立天然纪念物来保护生态环境；1832年，美国画家、艺术家和旅行家乔治·卡特林（George Catlin）提议，通过创建国家公园对印第安文明、野生动植物等进行保护。在政府官员、环保主义者和企业家等多方努力下，美国于1872年以国家立法形式在黄石地区建立了世界上第一个真正意义上的国家公园。

发展至今，国家公园从"美国发明"到国际概念，在全球范围内经历了国际化和本土化的双重过程（何思源，2019）。在国际化过程中，国家公园在自然保护、公民游憩和提升民族自豪感等方面的积极意义进一步被认同（张海霞，2010）。世界自然保护联盟（International Union for Conservation of Nature，IUCN）在自然保护地标准化过程中将国家公园归为6种自然保护地之一（第Ⅱ类），并在2013年修订的《保护区管理类别指南》中将国家公园定义为"对大尺度生态

过程及该区域的物种和生态系统进行保护,并提供与其环境和文化相容的科学、游憩、教育和参观机会的大面积的自然区域"。伴随全球范围内的国家公园运动,国家公园理念逐步丰富,保护力量由一方参与转变为一方主导、多方参与;保护方法由被动执行转变为积极保护;保护对象由自然景观转变为生态系统与生物多样性;保护的空间范围由散点形态转变为网络形态(杨锐,2003)。自1962年起,世界公园大会每10年召开一次,从全球维度对国家公园发展的"瓶颈"与展望进行总结(吴承照,2015),大会主题如表0-1所示。

表0-1 世界公园大会历届主题

年份	主题	地点
1962	世界保护地类型的定义与标准	美国西雅图
1972	生态系统保护——制定世界遗产与湿地保护政策	美国黄石公园
1982	可持续发展中的保护地、保护地中的发展援助	印度尼西亚巴厘岛
1992	全球变化与保护地、保护地分类与管理有效性	委内瑞拉加拉加斯
2003	治理、可持续金融与能力发展、陆海统筹、平等与利益共享	南非杜班
2014	公园、人与星球——激励措施	澳大利亚悉尼

在本土化过程中,国家公园被不同国家广泛接受,成为各国自然保护的重要载体,并演变为人类表达环境观、世界观和体现环境伦理的微观实体,在"新世界"视野的美洲和大洋洲,"旧世界"视野的英格兰、西班牙等,保护与利用转型过渡的发展中国家呈现出不一样的生机与活力(弗罗斯特、霍尔,2014)。

二、我国国家公园实践面临复杂交织的问题与挑战

我国已经建立了类型丰富、功能多样和数量众多的各级各类自然保护地,

在此基础上进行国家公园建设，旨在整合保护地体系，解决保护地长期存在的空间与管理交叉重叠、权力与责任边界不清等问题，协调生态保护与区域发展的关系。国家公园建设不仅是建立狭义的国家公园保护地，还要通过建立统一、高效、规范的国家公园体制，实现自然保护地资源和体制的整合，最终实现科学保护基础上的自然资源的合理利用。可见，国家公园的建设伴随着设置重叠、管理多头、权责不明、保护与发展矛盾突出等一系列复杂交织的问题与挑战。

从 2013 年正式提出到 2021 年首批设立，国家公园的建设和发展始终在党的领导下"摸着石头过河"。党的十八届三中全会、十九大、十九届四中全会和十九届六中全会等都在生态文明建设中明确提及国家公园发展，提出了"建立国家公园体制""建立以国家公园为主体的自然保护地体系"和"健全国家公园保护制度"的发展方向。基于此，国家通过顶层政策设计指导管理机构整合、推动体制试点与经验探索等方式，建立具有中国特色的国家公园建设和自然保护地体系。

在顶层政策方面，中共中央办公厅、国务院办公厅于 2017 年和 2019 年分别出台了《建立国家公园体制总体方案》（以下简称《总体方案》）和《关于建立以国家公园为主体的自然保护地体系的指导意见》（以下简称《指导意见》），回答了国家公园的科学内涵、基本原则、自然保护地分类体系和功能定位等关键问题，也明确了国家公园体制机制探索和自然保护地体系整合优化的重点难点。在此期间，国家公园这一保护地类型的地位从"代表"转向"主体"，说明其在保护地体系中的地位得到进一步重视，也表明其需要承担更多、更大的保护与探索责任。

在管理机构和体制试点方面，2018 年《国务院机构改革方案》提出，组建国家林业和草原局并加挂国家公园管理局牌子。东北虎豹、祁连山、武夷山、钱江源、神农架、大熊猫、南山、普达措、三江源和海南热带雨林 10 个国家公园体制试点的总体规划和体制试点方案陆续获批，管理机构都实现了挂牌。目前，我国正式设立了三江源、大熊猫、东北虎豹、海南热带雨林、武夷山等第一批国家公园，并将按照"成熟一个设立一个"的原则推进其他国家公园的设立工作。

三、公共治理范式为我国国家公园可持续发展提供重要借鉴

随着人类文明的不断发展和科学技术的日益进步，公共问题的演变往往伴随着多种因素、多方力量的互相交织与反应，其复杂性和矛盾性对公共治理能力提出了越来越高的要求。20 世纪 70 年代以来，为解决政府失灵问题，西方各国开始尝试探索新的公共事务治理路径，市场、非政府组织和社区的作用日益凸显，政府组织不再被认为是公共事务的唯一供给主体，政府角色定位及其与市场、公民的关系都已发生变化。以治理与善治理论为代表的思想开始强调不同主体的重要性、不同主体间的合作关系、多种治理手段的替代与协同、多层级的横纵向治理和非正式制度的作用，并逐步演变为重要的理论思潮，促进公共治理范式的转变。

自 1956 年建立广东肇庆鼎湖山自然保护区以来，我国已经建立了涵盖自然保护区、地质公园、风景名胜区等类型多样的自然保护地，在资源保护、生态监测、科学研究和宣传教育等方面发挥了重要作用。但由于历史原因，长期实行的"抢救式保护"策略缺乏系统设计，未形成网状连接和互相补充的自然保护地网络与合作体系，孤岛保护与依赖政府的管理方式又进一步限制了保护质量的提升和协同保护效应的推广。此外，我国自然保护地周边分布大量贫困人口的特殊国情、乡村振兴战略的推进和地区经济绿色转型的部署都要求更加重视生态保护与区域发展的协调问题。因此，在推进国家治理体系和治理能力现代化的大背景下，面向"形成导向清晰、决策科学、执行有力、激励有效、多元参与、良性互动的环境治理体系"的现代环境治理要求，依据"坚持政府主导，多方参与"的自然保护地体系建立原则，我国国家公园的建设与发展必须摆脱政府"一元管理"的传统管治模式，重视多元主体的作用，将政府、市场和社会主体置于公共治理语境下，形成合理的多元治理格局。

同时，结合《总体方案》和《指导意见》的总体目标来看，建立自然生态系统保护的新体制、新机制、新模式是建成中国特色的以国家公园为主体

的自然保护地体系的题中之义。纵观国家公园体制及自然保护地体系的推动进程，理顺管理体制的相关工作已取得重要突破，"国家公园管理局—国家公园省级管理分局—单个国家公园管理局—国家公园管理站点"的管理体制架构已基本建成，《国家公园法》及相关制度建设也被确定为"十四五"期间的推进重点。然而，国家公园发展还存在协同配合不到位、社区福祉未惠及和全民共享难达成等实践障碍，反映出多元主体治理能力和协同能力不足、国家公园生态价值保值增值手段单一且效果不理想、生态价值实现和效益分享路径不清晰等主要问题，需要结合整合优化后的体制格局与空间格局，寻求恰当的多元治理结构，通过不同机制协调各方力量与关系，实现国家公园善治，服务于国家治理体系与治理能力现代化。

第二节　文献回顾

国家公园作为就地保护的重要载体与形式，在保护生态环境、生物多样性和自然文化遗产方面发挥了重要作用。自 1872 年黄石国家公园建立至今，"国家公园"概念在世界范围内流行开来，并开始从单一的空间概念演变为一套完整的理念体系（钟林生等，2017），随后形成一种管理制度模式（罗金华，2016）。综观全球国家公园运动，其从一方参与转向一方主导、多方参与，从被动执行转向积极保护的转变动向（杨锐，2003），显示了国家公园及自然保护地迈向治理的主流趋势。在 2003 年南非杜班举行的第五届"国家公园与保护地大会"将治理作为大会主题之一后，治理对于国家公园及自然保护地质量的关键性得到进一步重视。

一、治理及公共治理

"治理"源于拉丁文中的"Governance"，意指控制、操纵和引导等，适用于国家对公共事务进行的政治和管理活动（滕世华，2003）。对治理理论的学术研究始于 20 世纪 70 年代西方国家政府行为的转变过程（高秉雄、张江涛，2010），而世界银行 1989 年发布的《撒哈拉以南：从危机到可持续发展》

报告中提到"治理危机"，引起了政治学、经济学和管理学等不同学科学者的广泛讨论。治理概念的包容性使得"治理"被各学科赋予多重内涵，主要包括国家管理活动的治理、善治的治理、新公共管理的治理、自组织的治理和公司治理等（Rhodes，1996；王诗宗，2009）。一般而言，治理是个人或机构通过一定的方式管理共同事务，使矛盾得到缓解、利益得到调和、行动得到认可的持续过程。在治理理论被引入中国的过程中，俞可平（2014）通过梳理治理和统治的区别来明晰治理的特征，具体如表0-2所示。

表0-2 治理与统治的区别

对比维度	统治	治理
权力主体	主体单一 政府或其他国家公共权力	主体多元 政府、企业组织、社会组织、居民自治组织等
权力性质	强制性	有强制性，更多地侧重协商性
权力来源	强制性的国家法律	法律和非强制的契约
权力向度	自上而下	自上而下、平行
作用范围	以政府权力所及领域为边界	以公共领域为边界

将治理引入公共行政学话语和情境，这不仅发展出公共治理理论，也促进了公共行政学的范式转变，催生了人们对公共部门变革的思考（滕世华，2003），包括公共产品和服务供给方面。治理理论对治理活动中主体多元性的探索是促使其发展的重要动力，其中，多中心治理、整体治理、网络治理、协同治理是现代治理理论中具有代表性的相似理论（孙萍，2013），其衍生模式也常在自然资源与环境领域被广泛讨论（高明、郭施宏，2015）。治理理论及其延伸模式各有侧重，但都围绕多主体展开。其中，多中心治理更强调"多中心"秩序，也在公共池塘资源和集体行动等研究领域进行了诊断、分析和实践（王亚华，2017），更加符合国家公园属性。

二、我国国家公园研究进展

与其他国家相比，我国"国家公园"的概念出现较晚。相关研究内容在

2013 年前后呈现出一定差别。2013 年以前，我国学术界对国家公园的研究主要是美国、加拿大、英国和澳大利亚等国际经验的引介。该时期的国家公园建设处于地方自主探索阶段（耿松涛等，2021）。2006 年 8 月，以云南省为代表的省级政府开始关注国家公园理念的引入与发展，与原国家林业局合作开展了省域内的国家公园试点建设工作。与此同时，环境保护部联合原国家旅游局给位于黑龙江省的汤旺河国家公园试点授牌。但上述活动并未从体制机制和发展理念等方面对自然保护地进行根本性变革（宋瑞，2015）。

党的十八届三中全会提出"建立国家公园体制"之后，国家公园建设由地方主导建设向中央统一部署转变，逐步形成了"国家主导，地方试点"的发展格局（耿松涛等，2021）。2013 年至今，国家公园及其体制建设始终是我国国家公园研究的热点，研究问题聚焦于为什么建立国家公园及其体制和怎样建立国家公园及其体制，具体研究内容包括我国国家公园的定义探讨、特征分析、管治模式与机构设置等。

从不同学者对国家公园的特征概述中可以看出，"国家代表性、国家主导性、全民公益性"成为国家公园的特征共识（唐芳林，2014；陈耀华等，2014；杨锐，2017），其可以理解为国家公园区域的保护对象是具有国家代表性的，国家公园的出发点应该是全民公益性，国家公园的管理策略是国家主导性。在此阶段，国家公园研究的主流思路是在借鉴国际经验的基础上，对本土适用性进行分析并对国家公园的未来建设方向进行探索。在管治模式的研究中，徐菲菲等（2017）基于公共资源产权将国家公园产品划分为纯公共产品、准公共产品和私人产品 3 类：第一类，纯公共产品应该借鉴美国国家公园管理体制的经验，采用政府主导治理模式；第二类，准公共产品应该借鉴西方国家公园公众参与和利益相关者协商的经验，采用公众协商参与治理模式；第三类，私人产品采用市场化治理模式，可以借鉴国外国家公园管理中常用的特许经营手段。在管理机构设置的研究中，张海霞等（2017）基于权力架构总结出以美国黄石国家公园为例的科层集权结构、以澳大利亚卡卡杜国家公园为例的扁平分权结构和以西班牙为例的协同均权结构，并以钱江源国家公园试点为例分析了科层集权和扁平分权与该试点的适用性问题。

伴随体制总体方案的敲定和体制试点的推进，对体制进展和成效评估的研究日益增多。黄宝荣等（2018）在深入调研的基础上，对试点区取得的进展进行了初步评估。结果显示，跨行政区管理机制、多元化资金保障机制、特许经营和协议保护制度等方面体制试点进展滞后，需要在完成试点方案既定任务的同时，启动相关配套改革，构建国家公园全民共建共享、多元共治、品牌增值和科学决策机制与治理体系。之后，臧振华等（2020）和李博炎等（2021）对体制试点的评估结果显示，生态保护与区域发展的矛盾仍然突出，社区力量没有充分发挥，资金来源单一且不足。此外，还有部分研究针对东北虎豹（陈雅如等，2019）、钱江源（陈真亮等，2019）、大熊猫（李晟等，2021）、祁连山（金昆，2021）、普达措（杨宇明等，2021）国家公园等具体试点区域开展经验总结和问题分析研究工作，资金保障力度小、人员编制少、社区生计不可持续和跨区域协调不足等是许多试点区域面临的共性问题。此外，还有部分研究集中在以国家公园为主体的自然保护地体系建设方向（唐芳林等，2019；彭建，2019；马童慧等，2019），重点强调国家公园主体地位的体现和国家公园在自然保护地整合优化过程中的先行作用。

三、国家公园治理研究进展

（一）治理主体

作为利益关系交织和价值目标多样的复杂系统，国家公园治理面临多重矛盾冲突，人为干扰导致的自然系统结构破坏日趋严重、自然生态系统功能日趋退化，野生动植物与居民、区域发展面临的生态风险日益增加（吴承照、贾静，2017）。因此，国家公园治理难以避免地面临从全球到社区的多层级、多利益相关者协调问题的挑战。针对"协调利益相关者之间利益冲突"这一问题，"准确界定治理主体"是解决问题的基础，"科学协调治理主体利益"是解决问题的保障（汪芳，2021）。

多元主体是不同利益的体现，利益相关者理论被广泛应用于主体界定研究。已有研究将中央政府、地方政府、国家公园管理机构、社会组织、社区居民、科研机构及工作者、特许经营者、志愿者、访客等认定为国家公园利益相关者（陈涵子、吴承照，2019；李欣，2019；刘伟玮等，2019），并有研究进一步将中央政府、地方政府、社区、国家公园管理机构界定为核心利益相关者，认为它们是现阶段我国国家公园的治理主体。可以说，形成由政府、市场和社会等多元主体参与的治理格局已经成为我国国家公园发展的现实需求与共识。从全球层面来看，国家公园多方共治符合生态文明的全球潮流，法国国家公园的理事会和董事会治理结构提供了可借鉴的国际经验（苏杨，2019）；从国家层面来看，国家公园多元主体治理与推进国家治理体系和治理能力现代化、创新社会治理所强调的主体多元具有内在一致性，政府、市场和社会主体相互合作才能体现公益性特征，解决保护与发展之间的矛盾，为国家公园生态保护提供可持续性保障（兰启发、张劲松，2021）。

多元主体关系协调的核心是利益协调，"科学协调治理主体利益"关键在于梳理和协调主体之间的关系。在梳理主体关系方面，已有研究梳理出我国国家公园建设需重点关注的几对主体关系，即"上与下"（中央政府与各级政府）、"左与右"（不同职能部门）、"内与外"（保护地内外，尤其是社区）、"公与众"（公共部门与公众）（杨锐，2014）。

可见，国家公园主体关系协调不仅是对某一对关系的妥善处理，而且需要以整体性思维来设计一套跨越层级和超越政府的整合机制。我国以前的自然保护地管理体系更多地体现出"中央—地方—社区"的纵向管理逻辑，而对以社区为桥梁的地方政府、公民社会和市场组织的横向治理逻辑却关注不足（刘金龙等，2018）。因此，针对我国国家公园主体的利益诉求与冲突，要明晰政府、市场和社会的主体权责，争取多元主体对治理体系的"认同感"，在"赋权"的同时做好"规范制衡"（吕志祥、赵天玮，2021）。对此，自然资源与环境领域从一元管理向多元治理转变的研究和实践可以提供许多经验（Chhatre and Agrawal，2009；Ostrom，2010；刘金龙等，2018）。第一，重视主体合作的重要性。政府一元治理的弊端无须赘述，且市场和社会主体也会存在失灵现象。例如，以社区为基础的治理虽然有助于制约机会主义行为和

"搭便车"行为的发生，但也不是公共事务治理的"万能药"，其有效性取决于监督可达性、社会资本、排外成本、用户支持等因素（Dietz et al.，2003），现实情况下需要政府、市场等主体的配合。第二，重视多层级的横向和纵向治理（Bodin，2017）。例如，埃莉诺·奥斯特罗姆（Elinor Ostrom）提出的多层次分析框架，就将影响集体行动的制度分为宪法规则、集体选择规则、操作规则3个不同的层级，不同层级召开不同议题的论坛。第三，因地制宜地使用多种治理工具或手段进行"外部干预行动"。例如，政府主体主导下的分区管制手段，市场主体参与的生态环境服务付费和绿色金融手段，政府、非政府组织和社区组织开展的社区共管机制等。第四，重视本土知识和非正式制度的作用，重视外来干预行动与本土知识的结合。例如，巴西自然保护地通过"制度拼凑"实现了制度融合，完成从社区自治向多元主体共同治理的适应性转变（Prado et al.，2021）。

以人地约束为前提，在统一高效规范体制下，国家公园多元主体治理并不是无序参与，而是由多元主体先形成有话语权、有获利渠道的利益共同体，再稳固成为共抓大保护的生命共同体（苏杨，2019）。两个共同体的形成、稳固与适宜的治理模式及机制密切相关。

（二）治理模式

虽然世界各国都在使用"国家公园"一词，但为了适应不同国家的特殊国情，国家公园体系会采用不同的形式。一是基于辽阔公共土地的美国国家公园体系；二是基于国土面积与土地所有权的限制条件形成的分区体系（Zoning System），比如日本、英国、意大利、德国、法国、韩国等；三是以保护本土人文历史与自然景观为目标而设立的面积较小（1万公顷以下）的欧洲国家公园体系（吴承照，2015）。

由于初衷理念和实施国情有所不同，国家公园管理模式呈现多样化特征，土地所有权、管理主体、资金来源等是常见的划分标准。Eagles 等（2013）在总结全球保护区发展模式的基础上，根据保护区和国家公园的所有权、管理主体和资金来源的不同，总结出8种常见的国家公园治理模式：传统国家公园模式、半国营模式、非营利模式、生态治理模式、公共营利模式、公共与非营利结合模式、原住民与政府共建模式、传统社区模式。周武忠等（2014）从构建动力角度出发，将典型国家公园治理模式分为以树立国家认同为核心的中央政府管理模式、以自然游憩娱乐为驱动的协作共治共管模式、以自然保护运动为发端的属地自治管理模式和以自然生态旅游为导向的可持续发展管理模式。《IUCN自然保护地治理指南》围绕决策主体及其权责对治理类型进行了划分，并总结出了政府治理、私有治理（又称公益治理）、共同治理和社区治理4种在全球主要流行和实践的治理类型或治理模式（Borrini-Feyerabend et al.，2016），各个国家依据自然保护地类型及其实际情况采取或嵌套不同的治理模式（沈兴兴、曾贤刚，2015；解钰茜等，2019）。

（三）治理机制

适宜的治理模式有助于完成治理主体的合理定位，有效的治理机制有助于激发主体共治动力，由府际协同、公众参与和特许经营等组成的机制研究为调和政府、市场和社会主体关系，设计治理机制提供经验与借鉴。

在府际协同机制方面，目前研究集中在国家公园的央地关系协调上，明确要选择适宜的央地管理模式，强调央地管理协同机制建立的必要性（秦天宝等，2020），并提出明晰央地事权界限、匹配央地财权和完善央地监管责任等建议（李林蔚，2021）。然而，国家公园府际关系包括"纵向"和"横向"两个维度。与依赖科层制结构的纵向府际关系相比，横向府际关系属于"弱联系"（兰启发等，2021），更需要治理机制予以协调。基于体制试点的评估结果，跨省域的横向关系协调也是东北虎豹、大熊猫、祁连山和三江源等国家公园需要着力解决的关键问题（陈雅如等，2019；李晟等，2021）。公众参与机制是美国、英国、澳大利亚和日本等国家调动利益相关者积极参与国家公园治理的重要方式（张婧雅、张玉钧，2017；王彦凯，2019）。社区居民（原住民）、访客和社会组织无疑是公众参与的重要主体（邹晨斌，2018），但公众参与类型不一（Arnstein，1969），如何在现有国家公园体制下，激励不同主体以更适宜的方式参与国家公园生态保护是治理机制需要进一步解决的重要问题，也是促进社会公众从被动保护转为主动保护的关键。此外，引入市场主体促进公共投入和市场机制融合需要解决"赋权"与"规范"的平

11

衡问题，既要积极发挥社会资本的作用，又要规避"重发展、轻保护"这一历史问题的重演。现有研究给出了完善特许经营制度、打造国家公园品牌增值体系等方向性建议（张海霞等，2019；张晨等，2019）。

四、文献评述

自 1872 年黄石国家公园建立以来，国家公园已为全球大多数国家和地区所接受，成为重要的自然保护地类型。在此过程中，单一的治理模式显然难以满足世界各地国家公园的发展需求。事实上，各国在接受国家公园理念的同时，尤其注意根据本国的生态条件、时代背景和社会经济发展状况，对国家公园理念和模式进行一定的调整，从而形成了多元化的国家公园治理格局。对于我国而言，有两个方面的借鉴意义：一方面，在建立国家公园体制过程中，应立足于我国生态环境和社会经济的发展状况，设计有中国特色的国家公园治理模式和发展理念；另一方面，世界国家公园的建设和发展为我国国家公园实践提供了经验借鉴。在 100 多年的国家公园发展历程中，国家公园的理念和模式不断创新，丰富的治理经验对促进自然保护地可持续发展具有突出价值。

我国在进入国家公园体制试点前，已经注意到国家公园在生态保护方面的重要作用，但在实践层面上并没有触及保护地体系的整体革新。当前，我国正处在国家治理体系与治理能力现代化建设的关键时期，国家公园作为自然保护地体系的"主体"，如何通过适宜的治理体系突破自然保护地体系保护与发展失衡的困境，从政府一元"管理"迈向多元"有效治理"，仍待进一步探索和探究。国际上，对自然保护地治理理论的研究方兴未艾，并逐渐发展出政府治理、共同治理、私有治理、社区治理四大类治理类型。由于我国国家公园建立较晚，对国家公园治理的理论研究的系统性不够，且存在管理与治理模糊不清，模式、体制、体系和机制等重要概念混用的情况。实质上，国家公园治理强调的是调和保护与发展之间的矛盾，通过公共治理手段推进生态保护集体行动，从而实现自然保护地的可持续发展。受多中心化和去中心化理论的影响，国家公园治理面临从全球到社区的多层级、多利益相关者协调问题，多元主体治理是自然保护地可持续发展的重要趋势。既往研究虽然总结了我国国家公园需要妥善处理的关键关系，但并未对处理上述关系的解决方案作出系统总结。基于此，本书从国家公园所面临的生态保护和区域发展（存与用）问题出发，围绕利益主体的复杂关系（上与下、左与右、公与众），借鉴全球丰富的自然保护地治理经验，为我国国家公园治理提供多元主体合作的系统方案。

综上所述，本书将基于既往研究得出我国国家公园的定义与内涵特征，重点关注我国现行体制改革背景下国家公园治理所需要解决的多元利益主体合作的有效性与可行性问题，通过汲取国际经验来探讨符合我国国情的国家公园治理模式，采用适宜的治理机制来促进国家公园生态保护集体行动，从而服务于国家治理体系与治理能力的现代化建设。

第三节　研究设计

一、研究目的与意义

（一）研究目的

我国国家公园的建设、运行和发展不仅面临自然保护地体系存在的历史遗留问题，还面临新时代主要矛盾所反映的生态产品供给问题。在全球化治理运动与公共治理范式转变的影响下，我国国家公园及自然保护地体系的生态、经济和社会协调发展需要符合国情的国家公园治理体系与之相适应。

因此，本书将国家公园治理模式与治理机制确定为研究主题，试图从多元主体视角提出我国国家公园的治理结构与实现路径问题，改变政府作为单一管理及责任主体的现状，将市场、社会等多利益主体融入治理过程。据此，本书试图回答3个方面的研究问题：第一，面向现实问题，回答我国国家公园治理策略是什么；第二，立足治理策略，回答什么样的国家公园治理模式及运作机制符合我国国情；第三，基于治理模式，回答应当采用什么样的保障机制来促进国家公园善治。具体研究目的应包含以下4个方面：第一，系统总结我国国家公园的治理逻辑，提出国家公园治理策略及行动选择；第二，对典型自然保护地治理经验进行梳理和分析，构建符合我国国情的国家公园治理模式及运作机制；第三，对国家公园治理模式运作的潜在风险和深层次原因进行研究，设计保障治理模式可持续运作的治理保障机制框架；第四，以具体国家公园区域为案例，根据案例地的自然、经济社会本底情况，嵌套治理模式，细化治理机制。

（二）研究意义

本书立足国家公园在自然保护地体系的主体地位和"生态保护第一，国家代表性和全民公益性"的发展理念，对国家公园治理模式和治理机制展开研究，探讨国家公园治理过程中政府、市场和社会主体的边界、功能与互动，探究促进国家公园生态保护集体行动的路径，丰富国家公园治理的理论研究，并为国家公园及自然保护地体系建设实践提供借鉴。

从理论层面来看，治理模式与治理机制是国家公园治理体系的重要组成部分，通过引入公共选择理论、多中心理论、自主治理理论和机制设计理论等，设计符合激励相容和信息效率的国家公园治理机制，实现多视角下治理理念与我国国家公园建设需求的融合，为相关学术研究提供知识增量。

从现实层面来看，为推动以国家公园为主体的自然保护地体系建设，提供思路借鉴与可行方案。生态、经济和社会协调发展是国家公园体制试点、自然保护地体系建设必须面临和解决的核心问题，借助国家公园治理模式和治理机制联动利益相关者，有助于促进自然资源的科学保护，推进自然资源的合理利用，促进人与自然和谐共生。

二、研究思路与方法

（一）研究思路

面对历史遗留问题与建设伴生新问题，国家公园的可持续发展需要将政府、市场和社会等多利益主体置于适宜的治理结构中，通过不同机制手段协调各方力量与关系。全书按照"科学问题界定—治理逻辑分析—治理模式及运作机制构建—治理保障机制设计—治理模式嵌套与治理机制细化"的思路展开论述。第一，从全球国家公园理念演进、我国国家公园体制实践和国内外研究动态出发，通过文献研究界定了科学研究问题和多元主体分析视角，建立基本理论与分析框架；第二，通过归纳分析法总结了国家公园治理的主体需求与客体特性，并根据社会—生态系统框架（Social – Ecological System，SES）逻辑设定国家公园治理目标及实现路径，作为后续研究的基础支撑；第三，从国际经验出发，基于多中心理论构建国家公园治理模式，将多利益主体嵌套进适宜的治理结构，通过主体的功能定位与互动关系阐述治理模式的运作机制；第四，通过故障树分析方法识别治理模式运作的潜在风险与致险因素，并以激励相容与信息效率为准则对国家公园治理的保障机制框架进行设计；第五，将大熊猫国家公园作为案例，通过调研法和案例分析法总结案例区域的生态本底、社会本底和经济本底，选择适宜的治理模式，并对治理机制的实施重点进行细化。

　　本书的技术路线见图 0 – 1。

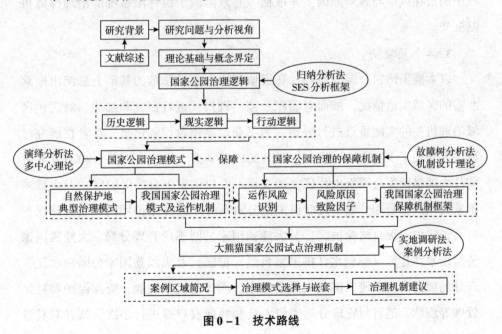

图 0 – 1　技术路线

（二）研究方法

1. 归纳演绎法

归纳分析法是一种由个别到一般的推理方法，是实现由一定关联的对个别事物的观点过渡到范围较大的观点的过程。本书针对中国自然保护地的表象问题和政策纲要归纳出国家公园治理的主体需求和客体特性。与之相对应，演绎分析法是由一般到特殊的分析。本书基于 IUCN 归纳的自然保护地治理类型及国际经验，结合国内背景对我国国家公园治理模式进行演绎式构建。

2. 故障树分析法

故障树分析法亦称事故树分析法，是以系统化方式直观展示多因素、多层次的分析方法，以最不愿发生的事件作为初始事件（顶事件），自上而下地推理导致顶事件发生的事件或因素，以树状方式直观分析和展示导致事故发生的底事件。本书设计的治理保障机制是对治理模式运作风险的防控，旨在提高运行的韧性和稳定性，借助故障树分析逻辑展示所构建治理模式运作过程中的潜在风险与致险原因，并根据核心致险因子设计出系统的治理保障机制框架。

3. 案例研究法

以大熊猫国家公园为案例，在实地调研与文献总结的基础上总结出嵌套所需的区域实地情况，继而对国家公园治理模式进行嵌套和细化，对案例区域治理机制的实施重点进行分析。为了获取案例数据和信息，笔者在研究过程中共开展了 3 次实地调研，分别于 2019 年 4 月、2019 年 7 月、2020 年 8 月前往大熊猫国家公园岷山片区（原龙溪—虹口国家级自然保护区）及大熊猫国家公园成都管理分局、大熊猫国家公园秦岭片区（原佛坪国家级自然保护区、长青国家级自然保护区）及大熊猫国家公园佛坪管理分局、大熊猫国家公园白水江片区（原白水江国家级自然保护区）及大熊猫国家公园白水江管理分局展开实地调研。围绕大熊猫国家公园体制改革进展、资源保护和社区管理等现状，笔者与管理分局工作人员和社区农户等进行多次交流并对其进行访谈，访谈方式以半结构访谈为主。

第四节　概念界定

一、国家公园治理

"治理"的概念存在于多学科领域中，且定义有一定的差异。本书将"治理"的概念置于公共行政语境下进行理解，并采纳全球治理委员会的定义，即治理是或公或私的个人或机构通过一定的方式对共同事务进行管理，使矛盾得到缓解、利益得到调和、行动得到认可的持续过程。与统治和管制不同，治理强调共同目标下的集体行动，包含多样化的组织、制度、行动者及其之间的资源流动。

"自然保护地治理"的概念出现于 21 世纪初。2002 年，在南非约翰内斯堡举行的世界可持续发展首脑会议上，与会者对治理及善治在可持续发展进程中的基础性和重要性作用做出了论述（陈劭锋等，2008）；2003 年，在南非杜班举行的"国家公园与保护地大会"将治理作为大会主题之一，治理对于国家公园及保护地质量的关键性作用得到有效重视，并渗透到政策制定执行、行为管理、融资安排和影响评估等方面。IUCN 在自然保护地治理与自然保护地管理的辨析中提出，治理强调"谁决策"和"谁执行"，侧重权力架构；管理强调"在何时何地应做什么"，侧重行为内容（Borrini – Feyerabend et al.，2016）。

结合治理定义与自然保护地治理关注的重点，本书将国家公园治理界定为：政府、市场和社会主体管理国家公园公共事务的方式总和，减少或调和多元主体的利益冲突，培育多元主体的趋同利益，促使多元利益主体将精力投入到国家公园生态保护的集体行动中。

二、国家公园治理模式

模式是指对生产、生活、管理过程中的基本经验和规律的概括、抽象与提炼，是对解决某类问题的经验与方法的凝练总结，并归纳为参照性指导方略，包含事物之间隐藏的相互关系与基本规律（李静，2013）。治理模式作为治理的研究对象与着力点，涉及公司、地方、城市、区域、社会、国家和全球等多个领域。研究路径和理论取向的差异导致人们对治理模式存在多种理解（郑杭生、邵占鹏，2015）。Hansmann（1996）认为治理模式一方面可以表明谁拥有正式决策权，另一方面可以反映收益和成本如何分配；王臻荣（2014）认为治理模式是治理过程中治理主体间权力分配的结构、制度和主体间关系的互动模式，是价值、责任、制度和行为的表现；Williamson（2000）系统阐述了治理模式的内涵，认为治理模式是给定制度环境下实现特定目标选取的具体组织和实施形式，涵盖不同行动者的权责关系和运行保障机制，从而起到创造和维持秩序、缓解和消除矛盾冲突、增进共同利益和协调共同行动的作用（王荣宇，2019）。

本书将国家治理模式定义为国家公园治理过程中政府、社会和市场主体间关系的权力分配方式，主要包含国家公园利益主体及其组成的治理结构。国家公园作为全球重要的自然保护地类型，已经在各国本土化过程中出现了不同的治理模式（张海霞，2010）。本书以多元主体为分析视角，侧重治理模式所表达的决策权归属，与 IUCN 基于大量案例提炼的政府、共同、私人和社区 4 种治理类型具有一致性。因此，以 IUCN 提炼的 4 种治理类型为基础，据此演化和构建出符合我国国情的国家公园治理模式。

三、国家公园治理机制

机制是一个内涵丰富的多义词，在社会科学研究中，主要是指协调社会各组成部分、要素之间实现稳定性和规律性运行的基本原理，用来表征它们之间稳定的相互联系、相互作用的关系以及协调运行的基本方式（褚添有，2017）。在公共治理语境下，治理机制被看作达成治理目标的必要手段，主要是通过一系列制度安排，以科学有效的决策、激励和监督手段对主体间的利益关系进行协调；也可认为是在既定治理结构下，不同主体之间利益关系的动态协调过程（陈晓光，2016）。

基于此，本书将国家公园治理机制定义为：在国家公园治理模式安排下，促进多元主体有秩序地投入国家公园集体行动的运行规则，主要解决国家公园治理的运行、动力和约束问题。治理机制与治理模式是国家公园治理体系中相互关联的核心部分，若将治理模式看作静态的结构性安排，治理机制则是治理模式运行过程中的动态协调方式，两者有机结合才能实现既定的治理目标。本书的治理机制主要包括治理运作机制和治理保障机制两部分。

第一章 理论基础

本章对公共选择理论、多中心理论、自主治理理论和机制设计理论等主要理论进行总结。总体而言，国家公园治理问题的本质，是公共选择理论所讨论的集体选择与个人选择问题，多中心理论、自主治理理论和机制设计理论为本书分析视角的确定、治理模式的构建和治理机制的设计提供了理论基础与思路借鉴。

第一节 公共选择理论

公共选择是指人们对公共物品的需求、产量和供给进行民主决策的政治过程，在此过程中，可实现将个人的选择转化为集体的选择，并利用非市场的决策方式进行资源配置。布坎南认为，公共选择理论是一门研究如何更好地决策、更好地进行集体决策的理论。

一、理论概述

公共选择理论所使用的经济学范式主要包括方法论个人主义、理性经济人假设和作为交易的政治三部分。方法论个人主义把个人选择当作集体选择的基础，认为个人行为是集体行为的出发点。理性经济人假设是西方经济学的基础性假设，是通过公共选择理论对经济人假定进行的扩展。它假定在交易中个人都是理性的、利己的，以追求利益或效用最大化为根本目标。作为交易的政治又被称为经济学的交换范式，将政治过程看作和市场交换过程相似的互动，并延伸出"政治市场"的概念，其基础是交易动机、交易行为与利益的交换。可见，公共选择理论探讨的是，在政治市场上，在满足效用最大化情况下交易供求方的理性行为及其选择能否在一定的民主决策规则下达到"竞争均衡"。

直接民主中的公共选择探讨的是在理性假设条件下的集体决策问题，主要内容包括阿罗不可能定理和中间投票人定理，前者意味着依靠简单多数的投票原则，不可能从各种个人偏好中产生一个具有共同一致顺序的选择；后者意味着只要投票人的偏好都是单峰值的，就一定可以通过简单多数规则产生与中间投票人的第一偏好一致的唯一均衡解，也就是中间投票人认可的议案或方案将得到通过。直接民主的集体决策方式常在委员会等较小的集体中采用，但现代国家实行的多是间接民主，其决策一般不由公民直接投票做出。代议民主主要研究官僚机构的动机、代议制政府的产生、政府供给和"寻租"等方面的内容，并发展出多类政党竞争模型、官僚机构模型与"寻租"问题及解决方案等。其中，"搭便车"概念由奥尔森在《集体行动的逻辑》一书中提出，该书从不同视角分析利益集团中集体行动面临的困境，即个人对利益的追求导致了次优化的集体结果。该概念认为在一个大型团体中，理性的个人为寻求自身的利益，往往选择以"搭便车"的方式应对集体行动，而不会采取积极行动实现共同利益。为实现有效的集体行动，大型集团中必须有一定的选择性激励措施（奥尔森，2014）。

二、本书的借鉴与应用

国家公园治理模式和治理机制的设计在一定程度上体现为决策模式或方式的设计，影响治理资源的配置、生态产品的供需和产量。生态保护作为典型公共产品，是集体利益或公共利益的体现，可认为是集体偏好；区域发展更多的是体现国家公园周边相关主体的利益，可认为是个人理性偏好，如何协调集体偏好（生态保护）和个体偏好（区域发展）是国家公园治理需要解决的核心问题，公共选择理论中直接民主、间接民主、"搭便车"等诸多成果为此提供了解决思路。此外，本书所构建的治理运作机制难免会面临由投票悖论、地方政府"寻租"和"搭便车"等问题导致的风险，本书的治理保障机制则借鉴和应用了选择性激励、"寻租"规制等公共选择理论的研究成果（缪勒，2010）。

第二节　多中心理论

多中心，是指多个权力中心和组织体制在竞争性关系中相互合作，共同治理公共事务和提供公共服务。它意味着决策过程围绕形式上相互独立的多个中心展开，通过制定各种各样的制度，形成相应的协调机制来调和利益冲突。多中心治理要求在治理过程中，由多个主体同时提供公共服务、供给公共产品，并实现在各层次和区域的同时调节。

一、理论概述

"多中心"的概念源于《自由的逻辑》一书，用以证明自发秩序的可能性和合理性。作者迈克尔·波兰尼（Michael Polanyi）在书中对单中心秩序和多中心秩序的概念进行了界定。其中，单中心秩序又称指挥秩序，主要是通过一体化的上下级之间的服从关系维系自身的协调运转；多中心秩序是一种自发的多权力中心状态，相互独立又彼此追求利益的主体在特定规则的制约下相互调适，实现公共服务供给的多元化。奥斯特罗姆夫妇及其研究团队继承发展了"多中心"治理理论，更加强调参与主体能动地创立治理规则、治理形态及它们之间的互动过程（王兴伦，2005）。最初，在大城市区域治理语境下进行探讨时，多中心体制作为处理大城市改革复杂性的一种制度安排，被概括为"交叠管辖、权力分散"，即不同类型和层次的政府规模需要与之相匹配的不同类型及层次的物品和服务。当不同类型和层次的政府单位、非营利组织和企业的互动行为存在一定秩序且可预测时，则构成了它们之间的多中心秩序。

多中心理论强调在社会公共事务的管理过程中，多元主体从既定制度规则出发，运用多种手段，共同行使主体性权力。多中心理论内核可概括为：政府、市场和社会等多个供给主体共同决定公共物品生产、公共服务提供和公共事务处理；政府转变自身的角色与任务，成为供给主体之一，而非直接退出公共事务领域。

综上所述，多中心理论意味着行动单位既会独立追求利益，又能相互协作（自主组织和自主治理），形成由多权力中心组成的治理网络。此外，多中心理论还强调通过分层级的多样性制度和机制建设，因地制宜地促进政府、社区和市场之间的协调与合作。

二、本书借鉴与应用

从治理客体视角来看，国家公园作为典型的公共物品，是多中心理论的适用场域。国家公园的空间功能分区和复合功能特征，要求因地制宜、因时制宜地进行不同制度安排，这与多中心理论主张的"制度多样性"相吻合。从治理主体视角来看，我国国家公园的"全民公益性"要求和"政府主导、共同参与"原则均隐含着主体多元化。本书的多元主体视角将多中心理论贯穿全书，构建的两种国家公园治理模式将政府、市场和社会的利益主体均看作生态产品的生产者与提供者，体现了公共事务多中心生产和供给的特征。此外，治理模式的构建借鉴多中心理论衍生出的多层次分析框架，围绕国家公园生态保护集体行动设定不同层次来承载中央政府、地方政府、社会主体、市场主体等多个权力中心，所形成的多层次治理结构与运作机制直观地展现了政府、市场和社会主体在不同层级和跨层级中的集体行动。

第三节 自主治理理论

自主治理理论的核心研究内容为如何将相互依赖的委托人组织起来进行内部自主治理，实现理性的个人在面对逃避责任、"搭便车"或其他机会主义行为诱惑时保持持久的共同利益（Ostrom，1990）。其理论价值在于提供了走出集体行动困境的理论框架，实现了利己与利他的结合。

一、理论概述

亚里士多德很早就指出公共产品面临的困境："最多数人使用或享有的公共事物往往受到最少的照顾，人们通常只关注属于自己的事物。"传统解决公共事务问题的思路是"国家 vs. 市场"二分法，要么依靠国家力量打破集体行动困境，要么将公共事物分割为私人所有，通过市场力量解决。奥斯特罗姆基于地下水、森林资源、灌溉系统、渔业资源等不同类型公共事物的案例研究和经验总结，在《公共事物的治理之道》中提出自主治理这条有别于利维坦（政府）和市场的非此即彼的对立。自主治理理论的形成离不开对"公地悲剧""囚徒困境"和"集体行动的逻辑"3 个模型的反思，早期聚焦于公共池塘资源（Common Pool Resources, CPRs）研究。CPRs 表征在一个范围较大的自然或人造的资源系统中，资源具有竞争性和非排他性，行动者可以共同使用资源但只能分别享有资源单位，并可能导致资源退化或资源过度使用等问题（Ostrom, 1990）。

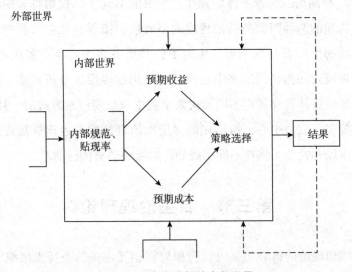

图 1–1 个人选择的内部世界

如图 1–1 所示，自主治理理论认为，内部规范、贴现率、预期收益和预期成本是影响个人策略选择的主要内部变量。策略选择将在特定情形中产生某种结果，和上述 4 个变量共同构成影响外部世界的变量，并将反作用于个人的行为选择。自主治理理论是从个体对未来操作规则选择的角度出发，将解释的重点置于环境变量之中。个体选择策略变量、自主治理 3 个难题和自主治理 8 项原则构成了自主治理的主要内容（张克中，2009），并为制度分析与发展框架（The Institutional Analysis and Development Framework，IAD）和社会—生态系统分析框架（Social - Ecological System，SES）的提出奠定了基础。

基于新制度主义理论和大量案例分析，自主治理理论认为突破公共事务集体行动的困境需要克服制度供给、可信承诺和相互监督 3 个难题。新制度的供给过程本身就存在二阶集体行动困境，即制度变迁和利益结构改变制度供给一般是渐进式的，参与者从制度变迁的集体行动中受益并逐步改变原有激励结构，使参与者愿意进一步为制度变迁支付更高的成本，从而破解二阶制度供给困境。可信承诺的实质是"遵守承诺的相互性"问题，即当合作建立在缺乏可信的相互承诺条件下时，如果一方受利益驱使违背了承诺，则会造成彼此间信任的丧失，导致公共事务治理的失败。因此，为保证自治组织成员遵守规则，必须采取适当的监督与制裁措施。但相互监督面临"二阶搭便车"难题，即虽然惩罚产生的利益为全体成员所共享，但实施惩罚行为本身对于惩罚者来说成本较高。所以，相互监督问题成为自主治理中面临的难题。

对此，自主治理理论指出，为提升内部成员进行相互监督的积极性，需要自主设计相应的制度规则。在分析世界各国 CPRs 代表案例后，奥斯特罗姆形成了自主治理理论构建的 8 项基本原则，包括：①必须明确规定有权从 CPRs 中提取一定资源单位的个人；②物资、所需劳动和资金的供应规则，必须与规定占用资源的地点、时间和数量的规则保持一致；③参与制定和修改规则的个人，必定受到操作规则的制约；④存在对 CPRs 状况和占用者行为进行检查的监督者；⑤由其他占用者、有关官员对违反操作规则的占用者实施分级制裁；⑥当占用者之间以及占用者与官员之间存在冲突时，占用者可借助合理的、低成本的冲突解决机制进行解决；⑦保证外部政府权威不侵犯占用者设计自己制度的权利，以实现对组织权最低限度的认可；⑧对多层次分权制企业中存在的供应、占用、强制执行、监督和治理活动等加以规范和引导。

二、本书的借鉴与应用

自主治理理论来源于资源与环境案例分析，其研究视角和知识体系与国家公园治理比较契合。国家公园治理的理想愿景是利益主体的自主治理，所构建的多利益主体联合治理模式更是源于自主治理理论模式的演化。

具体而言，本书借鉴自主治理的个人选择策略影响因素和自主治理的 3 个难题结论，对国家公园治理模式的决策、执行和监督风险进行分析，所分析的致险因子是对新制度供给、可信承诺与相互监督难题的延展与细化。此外，本书在运作机制的多层级分析和保障机制的设计方面借鉴了 8 项设计原则的核心思想，并立足我国国家公园功能属性与政治体制，演化出具体机制以应用于我国国家公园治理。

第四节　机制设计理论

机制设计理论，是指在自愿交换、自主选择和信息不完整等决策条件下，设计出相应的机制，使参与活动的个人在实现既定经济或社会目标的同时，实现个人利益（赫维茨、瑞特，2009）。

一、理论概述

机制设计理论是由里利奥尼德·赫维茨（Leonid Hurwicz）等提出并逐步完善的，其中，赫维茨是机制设计理论的开创者；罗杰·迈尔森（Roger My-erson）提出了显示原理；里克·马斯金（Eric Maskin）发展出了实施理论；他们进一步促进和完善了机制设计理论，并且对其应用条件进行了推导。机制设计理论，是指经济活动中通过对一般均衡理论的改进和推广，综合运用社会选择理论和博弈论来进行最优机制的选择和设计。机制设计理论的产生可追溯至20世纪30年代的"社会主义大论战"。论战的核心是政府主导的计划经济与分散决策的市场经济间的优劣势对比，关键点在于效率以及与之相应的信息和激励。发展至今，机制设计理论围绕分散决策的3个要素，即信息、激励和经济人的有限理性，丰富了现代经济学的一系列论题，其中，信息效率和激励相容是机制设计理论的核心要素（田国强，2003）。

（一）信息效率

机制设计追求信息传递的简化，即以较少的信息促进机制运行。当信息分散存在时，如果一种机制可以通过尽量简化的信息（对应较低的运行成本）促进资源有效配置，那么这种机制就被认为是有效的，符合信息效率要素。

（二）激励相容

激励要面向机制实施问题。在"理性经济人"假设下，经济人选择策略时会进行成本—收益的比较衡量，选择对自己有利的策略。当成本大于收益时，经济人则倾向于不实施策略，激励要求经济人显示个体与社会目标相关的信息，并愿意付出成本去实现社会目标。基于此，激励相容则是期望通过机制设计使经济人显示真实个体信息，使激励设置对应于个体目标，统一于社会目标，避免公共产品经常面临的激励扭曲问题。

二、本书的借鉴与应用

建立国家公园是生态文明领域深化改革的重要步骤，也是自然保护地体制机制重构的过程。国家公园要实现善治，就要立足个体逐利和信息不对称的客观现实，并满足机制设计理论所界定的激励相容条件，让利益主体能通过国家公园满足个体需求，形成国家公园治理共识，并转化为内在动力和治理效能。满足激励相容要求的国家公园治理模式与治理机制能够促进政府、市场和社会等相关利益主体显示出真实偏好和意愿，其行动积极性也被调动起来，在满足多元主体的个体、群体和组织需求时，形成与国家公园治理目标一致的利益均衡，充分调动不同利益阶层的改革参与积极性，从而满足中央政府平衡生态保护与区域发展的治理期望。

本书设计的治理运作机制和治理保障机制以上述条件为基准，围绕信息与激励要素，立足国家公园的外部性特征和利益主体需求，划分不同主体责任，通过适当的分权和权力下放降低信息交易成本，通过激励约束机制促进个体与集体利益的激励相容。

综上所述，本书在信息不完全及决策分散化的条件下，力争设计出一个国家公园治理框架（包含治理模式与治理机制）来形成生态保护集体行动的共识，实现国家公园善治，满足中央政府设定的"生态保护第一、全民公益性"理念。

第二章 国家公园治理逻辑分析

本章通过历史逻辑—现实逻辑—行动逻辑的思路对我国国家公园的治理逻辑进行阐述和分析。首先,对我国自然保护地的演进脉络进行梳理,并对演进过程的历史遗留问题和建立国家公园及其体制的治理缘由进行归纳。其次,通过对我国国家公园在自然保护地体系中的主体地位和综合特征进行分析,进一步明晰国家公园治理的现实逻辑。最后,围绕"保护与发展"系统阐述国家公园治理策略,以社会—生态系统为分析框架确定治理策略的行动选择方案,即建立适宜的治理模式与管理体制,规范和激励多元利益主体在满足社区生计、游憩体验、自然教育、科学研究、地区经济和生态保护等个体目标的基础上,促进生态保护集体目标的实现。

第一节 国家公园治理的历史逻辑

一、我国自然保护地的演进脉络

以国家公园为主体的自然保护地体系的建立标志着我国保护地进入全面深化改革的新阶段,由以自然保护为主体的保护地体系转变为以国家公园为主体的自然保护地体系。[1] 从 1956 年建立肇庆鼎湖山自然保护区至今,我国自然保护地已经历了 60 余年的发展,实现了数量从无到有、规模从小到大、功能从单一到综合的发展历程。为明晰自然保护地体系的变迁,本书结合《指导意见》所罗列的自然保护区、风景名胜区、地质公园、森林公园、海洋

---

[1] 国家林业和草原局. 构建以国家公园为主体的自然保护地体系 [EB/OL]. 国家林业和草原局, (2019 – 06 – 26) [2022 – 06 – 22]. http://www.forestry.gov.cn/main/3957/20171107/1044015.html.

公园、湿地公园、冰川公园、草原公园、沙漠公园、草原风景区、水产种质资源保护区、野生植物原生境保护区（点）、自然保护小区、野生动物重要栖息地共 14 类保护地和相关文献（张希武、唐芳林，2014；高吉喜等，2019；马童慧等，2019），共整合挑选出自然保护区、风景名胜区、地质公园、森林公园、海洋公园、湿地公园、沙漠公园、水产种质资源保护区、野生植物原生境保护区（点）、自然保护小区、水利风景区和海洋自然保护区 12 类出台了专门性政策或设置了名录的保护地，将它们作为样本，按时间顺序梳理出我国自然保护地体系的演进历程。1956 年至今，我国自然保护地体系经历了探索起步（1956—1978 年）、多元稳固（1979—2013 年）和整合优化（2014年至今）3 个阶段。

（一）探索起步阶段（1956—1978 年）

从 1956 年开始，以自然保护区为主体的自然保护地体系开始搭建，自然保护区的政策和实践都实现了从无到有的跨越，不仅开启了探索我国自然保护地体系的新篇章，也填补了我国自然科学发展中的空白，该阶段的政策与实践如表 2 - 1 所示。①

表 2 - 1　探索起步阶段的自然保护地体系的政策与实践

年份	政策/实践	核心要点
1956	《关于天然森林禁伐区（自然保护区）划定草案》	根据森林、草原分布的地带性，在各地天然林和草原内划定禁伐区（自然保护区），以保存各地带自然动植物的原生状态，明确了自然保护区的划定对象、划定办法和划定地区
	全国科学技术规划	"自然保护和自然保护区的建立及其研究"被列为"现代自然科学中若干基本科学理论问题的研究"的基础理论研究之一；阐明天然森林禁伐区划定的原则，划出禁伐区、禁猎区、禁猎禁伐区和自然植被保护区

---

① 国家林业局野生动植物保护司.中国自然保护发展简史［EB/OL］.国家林业和草原局，（2019 - 06 - 26）［2022 - 06 - 22］.http：//www.forestry.gov.cn/portal/bhxh/s/659/content - 90482.html.

年份	政策/实践	核心要点
1958	林业部成立狩猎事业管理处	负责全国野生动物保护管理、狩猎管理和自然保护区选划、建设工作
1959	《关于积极开展狩猎事业的指示》	有条件的地区选择适当地点，划为自然保护区，禁止狩猎，建立科学研究机构进行鸟兽与狩猎的科学研究工作
1962	《国务院关于积极保护和合理利用野生动物资源的指示》	各省、自治区和直辖市人民政府应切实保护野生动物资源，加强狩猎生产的组织管理工作，禁止采用破坏野生动物资源和危害人畜安全的狩猎工具和方法，并迅速将这一工作统一交由林业部门管理
1963	《森林保护条例》	保护禁猎区的森林、稀有的珍贵林木和国家划定的自然防保区的森林
1964	《水产资源繁殖保护条例（草案）》	保护有经济价值的水生动植物的亲体、幼体、卵子、孢子等及其赖以繁殖成长的环境条件，合理规定禁渔区、禁渔期等
1973	通过《自然保护区管理暂行条例（草案）》（未实施）	较全面地提出自然保护区工作规范和把自然地带的典型自然综合体、特产稀有种源与具有其特殊保护意义的地区作为建立保护区的依据
1974	自然保护处设立	原农林部保护司设立自然保护处
1978	中国"人与生物圈"国家委员会	经国务院批准建立中国"人与生物圈"国家委员会，其日常机构为秘书处，设在中国科学院

1956 年是中国自然保护事业的起点年份。在秉志等 5 位科学家向第一届全国人民代表大会第三次会议提出划定天然林禁伐区的提案后，原林业部牵头制定了《关于天然森林禁伐区（自然保护区）划定草案》；同年，全国科学技术规划将"自然保护和自然保护区的建立及其研究"列为"现代自然科学中若干基本科学理论问题的研究"的基础理论研究之一，而广东肇庆鼎湖山自然保护区也成为我国第一个正式建立的自然保护区，我国自然保护地事业进入落地实践阶段。

此后的 20 余年内，自然保护地体系在制度、体制和科研等方面都取得了一定进展，为未来的自然保护区建设以及自然保护地体系建立奠定了基础。但是由于"文革"时期政治因素的影响，以自然保护区为主的保护地体系实践进展缓慢，截至 1978 年年底，我国仅建立了 34 个自然保护区，总面积 1.265 万平方千米，约占国土面积的 0.13%，而相应的管理和监测工作也处于停滞状态（高吉喜等，2019；Huang et al.，2019）。

（二）多元稳固阶段（1979—2013 年）

伴随着改革开放，以自然保护区为主体的自然保护地体系开始填充内容，我国自然保护地建设工作在数量和质量两方面稳固发展，各部委开始建设不同种类的保护地，保护地类型逐步丰富，转向多元化发展，并开始注重保护地的法治化管理。该阶段的政策与实践如表 2-2 所示。

表 2-2　多元稳固阶段的自然保护地体系的代表性政策与实践

保护地名称	代表性政策或实践	初期主管部门
自然保护区	1994 年出台《中华人民共和国自然保护区条例》（分别于 2011 年和 2017 年修订）	国家环境保护总局
风景名胜区	1982 年审定批准第一批国家重点风景名胜区； 1985 年国务院出台《风景名胜区暂行条例》； 2006 年国务院出台《风景名胜区条例》	原建设部
森林公园	1982 年正式批建第一处森林公园——湖南张家界国家森林公园； 1994 年出台《森林公园管理办法》； 2011 年出台《国家级森林公园管理办法》	原林业部
海洋自然保护区/海洋特别保护区	1988 年拟定《建立海洋自然保护区工作纲要》； 1990 年批准建设第一批 5 个海洋保护区； 1995 年出台《海洋自然保护区管理办法》； 2010 年出台《海洋特别保护区管理办法》	原国家海洋局
自然保护小区	1992 年建设第一个自然保护小区； 1993 年出台《广东省社会性、群众性自然保护小区暂行规定》	—
国家地质公园	2000 年制定了地质公园的申报和评选办法； 2001 年发布第一批国家地质公园名单	原国土资源部
国家水利风景区	2001 年评审并公布第一批国家水利风景区； 2004 年出台《水利风景管理办法》	水利部
农业野生植物原生境保护区（点）	2001 年开始农业野生植物原生境保护区（点）建设； 2008 年出台《农业野生植物原生境保护点建设技术规范》（NY/T 1668—2008）	原农业部

保护地名称	代表性政策或实践	初期主管部门
湿地公园	2005 年批建第一个国家湿地公园试点——杭州西溪湿地公园； 2010 年出台《国家湿地公园管理办法（试行）》	原国家林业局
水产种质资源保护区	2007 年公布第一批国家级水产种质资源保护区名单； 2011 年出台《水产种质资源保护区管理暂行办法》	原农业部
海洋公园	2010 年修订的《海洋特别保护区管理办法》，将海洋公园纳入海洋特别保护区的体系； 2010 年出台《国家级海洋公园评审标准》； 2011 年公布第一批国家级海洋公园名单	原国家海洋局
沙漠公园	2013 年出台《关于做好国家沙漠公园建设试点工作的通知》《国家沙漠公园试点建设管理办法》等政策	原国家林业局
国家公园	2013 年中共十八届三中全会首次提出建立国家公园体制	原国家林业局

多元稳固的特征主要体现在保护地类型的多元化以及数量和面积的稳固增长方面。截至 2013 年，自然保护区数量增加至 2697 个，面积增加至 146.31 万平方千米，约占国土面积的 15%。该时期，中国基本形成了类型比较齐全、功能相对完善的自然保护地体系，并通过法规、规范和标准等政策体系构建了自然保护地管理体系和科研监测的支持体系，在资源保护、生态监测、科学研究和宣传教育等方面发挥了重要作用。

以自然保护区为主的自然保护地数量及覆盖面积增长迅速，其原因一方面在于 1993 年年底《生物多样性公约》的生效、《中华人民共和国自然保护区条例》等法制化机制的形成，以及可持续发展和科学发展观等国家战略的宏观指导；另一方面在于 1998 年长江特大洪水灾害和长期的沙尘暴肆虐坚定了我国生态建设和环境保护的决心，不仅启动了天然林保护、退耕还林等生态建设工程，还通过实施野生动植物保护和自然保护区建设工程完善了自然保护地体系（黄宝荣等，2018）。

（三）整合优化阶段（2014 年至今）

2014 年至今，伴随"五位一体"总体布局的出台和生态文明深化改革的推进，我国自然保护地开始进入整合优化阶段，重点是建立以国家公园为主体的自然保护地体系，新型自然保护地体系表述为"以国家公园为主体、自然保护区为基础、各类自然公园为补充"，3类保护地的生态价值和保护强度为国家公园最高、自然保护区次之、自然公园最低，如表2-3所示。

表2-3　以国家公园为主体的自然保护地体系框架

保护地名称	概念
国家公园	以保护具有国家代表性的自然生态系统为主要目的，实现自然资源科学保护和合理利用的特定陆域或海域，是我国自然生态系统中最重要、自然景观最独特、自然遗产最精华、生物多样性最富集的部分，保护范围大，生态过程完整，具有全球价值、国家象征，国民认同度高
自然保护区	保护典型的自然生态系统、珍稀濒危野生动植物种的天然集中分布区、有特殊意义的自然遗迹的区域。具有较大面积，确保主要保护对象安全，维持和恢复珍稀濒危野生动植物种群数量及赖以生存的栖息环境
自然公园	保护重要的自然生态系统、自然遗迹和自然景观，具有生态、观赏、文化和科学价值，可持续利用的区域。确保森林、海洋、湿地、水域、冰川、草原、生物等珍贵自然资源，以及所承载的景观、地质地貌和文化多样性得到有效保护。包括森林公园、地质公园、海洋公园、湿地公园等各类自然公园

自然保护地体系的重构是时代背景下完善保护地空间布局、解决保护地历史遗留问题和缓解生态保护与区域发展现实矛盾的必然选择，旨在通过科学化和精细化的管理推动自然保护地的科学保护和均衡设置，健全自然保护地制度体系，创新自然生态系统保护的体制机制。整合优化，即构建相互连通且管理有效的自然保护地网络，不仅体现在空间上，即完善保护地网络，解决孤岛式、碎片式、重叠式保护的问题，达到系统性协同增效的目的；还体现在体制上，即建立统一规范高效的管理体制，满足统一设置、分类保护、分级管理、分区管控的"一统三分"体制设计，解决"九龙治水"的体制问题（唐小平，2019）。

目前，整合优化已进入具体实施阶段。该阶段的纲领性政策是2017年出台的《总体方案》和2019年出台的《指导意见》。前者提出了新型自然保护地体系的总体要求，即"建立分类科学、保护有力的自然保护地体系"。后者在此基础上明确了自然保护地的概念、功能定位、分类系统以及"三步走"策略，要求按照自然属性、生态价值和管理目标对现有自然保护地进行梳理、调整、归类和优化，整合交叉重叠的自然保护地、归并优化相邻的自然保护地和补充空缺区。

国家公园体制（试点）、国家公园建设和自然保护地体系整合优化是重构自然保护地体系，建立以国家公园为主体的自然保护地体系的重点，三者不是孤立割裂的单个任务，而是相互嵌套、紧密结合的系统工程。从递进关系来看，国家公园体制（试点）、国家公园建设和自然保护地整合优化具有层层推进的关系，上一环的进展停滞会严重影响后面任务的开展与推进。从三者的区别来看，国家公园体制（试点）与后两者所侧重的管理对象不同，国家公园体制（试点）是自然资源与环境管理范畴中人、财、权和责等的框架配置，国家公园建设和自然保护地整合优化侧重国家公园体制下对自然资源与环境客体的管理过程。此外，三者的目标和进度也不相同。从关联角度来看，国家公园体制（试点）是推进国家公园及自然保护地整合优化的外部力量储备。国家公园建设与自然保护地整合优化相互服务，一方面，国家公园是保护地的主体类型，自然保护地整合优化必须重点考虑国家公园建设，例如，整合优化过程中要将符合条件的区域优先设立为国家公园，其数量规模、质量价值及资源匹配应该高于自然保护区和自然公园；另一方面，国家公园要发挥"排头兵"和"试验田"的作用，不仅要探索解决原有自然保护地的历史遗留问题，还要应对新体系下的新挑战和新问题，为其他自然保护地建设及整合优化提供借鉴和经验。

二、演进中的历史遗留问题与治理选择

（一）保护与发展失衡

尽管中国自然保护地建设取得了诸多成果，但长期实行的"抢救式保护"策略缺乏顶层设计，管理质量和能力的提升速度并没有跟上自然保护地数量和面积的扩张速度，衍生的部门职能分散、不同自然保护地空间交叉、法律体系不健全和资金短缺等问题导致现有的自然保护地出现定位模糊、边界不清、区划不合理、保护与发展矛盾突出等问题以及空间分割、生态系统破碎化等现象，未形成整体高效、有机联系和互为补充的自然保护地体系（唐芳

林等，2020），难以实现系统协同的保护效应（彭琳等，2017）。传统的一元多头治理模式和将保护、发展对立的管理方式割裂为自然系统和社会系统，造成了生态保护与区域发展难以平衡的共性问题。其表现可划分为"轻发展"和"轻保护"两种类型。

1. 轻发展

"轻发展"主要是指在自然保护地的建设中忽视周边区域的发展需求。各类自然保护地及其周边是我国贫困人口集中连片分布区，不科学的规划建设和僵化的生态移民政策没有充分考虑社区居民的可持续生计问题，"抢救式保护"将社区与自然环境割裂对待，严格的生态保护措施与当地谋求发展的诉求产生矛盾，所引发的社区冲突成为"轻发展"的外在表现。该类问题在自然保护区中较为常见，而人地冲突、人兽冲突、资源利用冲突和利益分配冲突是社区冲突的主要形式（苗鸿等，2000）。

2. 轻保护

"轻保护"是指管理部门利用自然保护地的金字招牌追逐利益，人类活动的强度威胁到了自然保护地的生态可持续性。我国自然保护地申报设立后，部分地方政府和企业将保护地视为逐利的金字招牌，经济导向下的生产经营活动会导致自然生态系统原真性和完整性的破坏。例如，张家界武陵源作为"世界自然文化遗产"于1998年因过度商业化被联合国教科文组织黄牌警告，之后景区耗资10亿元将34万平方米建筑物全部拆除。祁连山自然保护区因矿产开发等污染行为造成了恶劣的生态影响与社会影响，于2017年被曝光并引发各界关注。

我国建立国家公园的动机是探索自然保护地可持续发展的本土模式，突破生态保护与区域发展失衡的困境。可以说，国家公园是探索自然保护地可持续发展模式、协调生态与经济社会发展，平衡生态保护与区域发展的"试验田"。

（二）解决体制机制遗留问题的契机

虽然"国家公园"概念在20世纪80年代就逐渐引入我国，但"香格里拉普达措国家公园"和"汤旺河国家公园"等的建立仍是根植于旧体系下的国际理念探索，并没有从根本上改变自然保护地的管理体制和运行机制（宋瑞，2015）。因此，探索可持续发展本土模式必须从自然保护地体系历史遗留问题入手，寻找影响自然保护地生态与发展失衡、生态与经济社会难以协调的背后成因，包括体制分散和创新机制匮乏。

1. 体制分散

我国自然保护地长期处于部门各自为政和"九龙治水"式各行其是的管理体系下：纵向来看，中央政府部门管理国家级自然保护地，相应地，地方政府部门管理地方自然保护地，中央政府名义上对地方政府进行指导，但实质缺乏有效的衔接、沟通和监督；横向来看，政府部门基于行政区划和资源属性对行政辖区内和管理范围内的自然保护地进行管理，人为割裂了生态系统的完整性，并造成保护地空间设置重叠交叉等问题，导致出现"一区多牌"和"一地多主"的现象。我国大约每 5 个自然保护地中就有 1 个存在重叠现象，自然保护区与森林公园、森林公园与风景名胜区的重叠数量最多，水利风景区与湿地公园、自然保护区与风景名胜区次之，地质公园和风景名胜区间、水利风景区和风景名胜区间重叠数量相对较少（马童慧，2019）。武陵源风景名胜区和张家界国家森林公园，武夷山国家森林公园、风景名胜区和自然保护区等均为同一区域不同自然保护地零散重叠共存的例子，自然保护地重叠不仅易造成资源浪费、条块分割，还会加剧管理部门间的责任推诿问题，降低生态保护的效率（Su et al.，2017）。

2. 创新机制匮乏

保护发展失衡的问题还折射出保护地创新发展机制匮乏的问题，以参与机制和资金机制为代表的机制短板限制了利益相关者权益的维护和社区利益的共享，成为引发社区冲突的重要原因（Wu et al.，2020）。因此，要实现自然保护地的可持续发展，有必要改革其体制机制，在理顺央地关系和部门间利益的基础上创新发展机制，通过解决历史遗留问题来改变自然保护地的管理体制和运行机制，这也是国家公园探索自然保护地可持续发展本土模式的首要步骤与关键要求。

第二节　国家公园治理的现实逻辑

一、多功能复合奠定保护与发展的平衡基础

国家公园是综合生态、科研、教育和游憩等主要功能的复合客体。其中，

生态功能是基础功能，旨在直接推动生态保护，只有保证了自然生态系统的原真性和完整性，国家公园才具备实现科研、教育和游憩功能的基础条件。科研、教育和游憩功能是生态保护下的衍生功能，更偏重于全民公益性的体现，旨在通过科学技术、公众素养和精神教育等路径进一步反哺和推动生态保护。

（一）生态功能

生态保护功能（以下简称生态功能）是国家公园的首要功能，具体包括生态系统保育、生物多样性保护、资源保护和景观保护等方面（姚帅臣等，2019）。自然生态系统所提供的供给服务、调节服务、支持服务和文化服务不仅直接为人类提供食物、氧气和水源等产品，还能在调节气候、涵养水源和保持水土等基础上为人类提供精神、休闲和美学享受。国家公园是具有国家代表性、典型性的自然生态系统，其保育过程要求遵循系统规律，在加强原真性和完整性保护的基础上，对保护区域内的森林、湿地、草地、湖泊、荒漠和雪山冰川等生态系统实行整体保护、系统修复和综合治理，保证生态系统保育功能的实现。生物多样性是人类赖以生存、发展的条件和基础，我国是世界上生物多样性最丰富的国家之一，但人类活动的加剧不断加快物种的灭绝速度，如今其灭绝速度已经远高于地球历史上物种的自然灭绝速度（赵士洞、张永民，2006）。据生态环境部门估计，我国野生高等植物与野生动物的濒危情况均不容乐观。前者濒危比例达到15% ~ 20%；后者濒危程度不断加剧，约44%的野生动物数量呈下降趋势，233种脊椎动物濒临灭绝（环境保护部，2011）。此外，非国家重点保护野生动物种群及遗传资源等方面表现出数量减少趋势和丧失流失等问题也在一定程度上反映出生物多样性保护工作的必要性与紧迫性（徐海根等，2016）。国家公园是生物多样性最富集的区域，其通过重点保护旗舰物种、增加野生动植物种群、保持野生动物迁徙通道及栖息地完整性、保护珍稀野生动物物种和种群恢复等方式来遏制生物多样性消失和衰退的风险，保证生物多样性保护功能的实现。实现自然资源的合理保护与利用是平衡人类福祉和生态保护的重要方法，它关乎代内公平和代际公平的实现。事实上，多数环境问题与自然资源的不合理开发利用密切相关，即资源的滥用或误用是环境问题的重要根源；反过来，环境问题又会影响自然资源的质量和有效供给。国家公园依托自然资源资产管理体制和自然资源监管体制改革，系统开展自然资源调查、确权和监测等工作，细化出基于生态保护目标管理的评估体系，加快实现自然资源的保护与合理利用。此外，国家公园拥有自然景观最独特和自然遗产最精华的部分，国家公园立足原真性对自然景观进行保护，包括景观本体、景观所在生态环境以及相关美学价值和文学价值的保护与发扬。

（二）科研功能

国家公园具有丰富的科学内涵，该区域内的科学研究不仅能提高国家公园管理工作的科学化水平，还能为生态保护功能的实现提供理论依据与技术指导，推进生态系统、自然资源、生物多样性和自然景观的合理保护与可持续利用，增加多种资源的储备存量或拓展选择空间。我国国家公园是多类型资源综合体和多价值复合体，具备科研、科考和教学的外部条件，科研功能主要通过基础研究、应用基础研究和应用研究3个方面得以实现（马炜等，2019）。其中，基础研究是基于事物基本过程的基础理论性研究，其成果可服务于应用基础研究。国家公园基础研究主要是借助国家公园区域内生物及其生态环境条件特点所开展的学科基础研究。典型的国家公园基础研究有基础生态学、基础生物学等，还包括种群动态和遗传学等（马炜等，2019）。应用基础研究是面向国家公园主要保护对象及管理问题所进行的一系列基础研究（马炜等，2019），可为国家公园生态多样性保护及其他管理工作提供理论依据。典型的国家公园应用基础研究包括国家公园主要保护对象的种群生存力、群落多样性、环境容量等研究。应用研究属于支持性科学研究，是针对国家公园单元层面管理目标、管理过程和管理结果的不同需求，所开展的管理技术与发展技术研究，期望能为具体问题的解决提供借鉴性经验、知识与技术（马炜等，2019）。典型的国家公园应用研究包括农林经营研究、区域规划研究和生态旅游研究等，其成果更容易直接转化为生产能力和实际效益。

（三）教育功能

环境教育属于科普教育范畴，有助于提升生态环境理念、树立文明和谐价值观、传播资源环境保护知识等（梦梦等，2020）。美国、英国和加拿大等发达国家都将国家公园作为向公众开展生态环境知识教育的户外基地，通过博物馆等基础设施，图书、标牌和展示系统等媒体宣传方式对公众进行潜移默化的生态知识教育。我国的环境教育事业正式起源于 1973 年召开的首届全国环境保护会议。会议提到，要重视环境教育的重要作用，将其作为提高全社会思想认知、道德修养、科学认识与文化素养的基本手段（董雪等，2015）。自然保护地在环境教育方面具备独特的资源和天然优势。为充分发挥自然保护地环境教育的积极作用，国家林业和草原局于 2019 年出台了《关于充分发挥各类自然保护地社会功能 大力开展自然教育工作的通知》，要求对国家公园等自然保护地合理分区，建立对公众开放的自然教育区域。国家公园的自然本底和生态价值是环境教育的天然素材，国家公园教育功能的建立健全不仅有助于为访客及社会公众提供教育机会，践行全民公益性理念，而且有助于巩固生态功能和科研功能的研究成果。在实现教育功能的过程中，国家公园不是封闭和遥远的自然保护地，而是寓教于乐和知行合一的课堂。国家公园可通过发展解说系统、展示系统和学校教育项目来实现教育功能，吸引公众亲近自然、享受生态产品，欣赏来自国家公园的生态美、原真美、自然美和文化美，也进一步培育公众环境意识与行为，增强公众的民族自信与国家认同感（梦梦等，2020）。

（四）游憩功能

国家公园具有独特的自然景观、丰富的美学价值和文化价值，在一定程度上说明其具备满足公众游憩体验的需要。我国国家公园语境下的游憩与旅游在字义和内涵方面存在细微差异，旅游偏向于产业术语，被定义为经济部门活动；而游憩更偏向闲暇活动，更加强调公众体验与社会福利（张朝枝等，2019）。作为经济产业的旅游可能会与生态保护第一的理念产生冲突，因此，生态保护第一和全民公益性理念下的游憩活动表达的是生态保护前提下公众游憩、享受自然权利的实现。由于中国自然保护地区域内的贫困人口众多，且国家公园面临探索平衡生态保护与区域发展的挑战，因此，游憩功能的实现不能完全避开旅游及其产生的商业利益，而是发展与游憩意义相近的生态旅游产业，在生态保护功能衍生下实现游憩功能，即在保护生态系统完整性和原真性前提下开展自然观光和生态旅游，推进国家公园的生态产业化和产业生态化并进。为了避免过度商业化对保护的侵蚀，造成"轻保护"的情况，国家公园游憩活动要重视功能分区的合理性、运营管理的科学性和监测控制的动态性（李宏、石金莲，2017），将科学研究成果和长期积累的经验融入游憩活动的规划和调整，也可依托入口社区与特色小镇的建设来分散游憩活动对核心保护区的生态压力。

综上分析，我国国家公园是涵盖生态、科研、教育和游憩等主要功能的多价值综合客体。因此，对我国国家公园的认知不能仅停留在生态保护或其他任一方面，而是在生态保护功能实现的前提下，兼顾科研、教育和游憩等功能。

二、主体地位引领自然保护地体系的重构和改革

在以国家公园为主体、自然保护区为基础和自然公园为补充的自然保护地体系中，国家公园处于主体地位，不仅体现在生态系统的重要性、自然景观的独特性、自然遗产的精华度和生物多样性的丰富度等方面，还体现在对国家公园及其价值的认知态度与重视程度上，即认为国家公园生态价值和保护强度最高。

（一）主体地位的体现

从主体地位可以看出，国家公园是我国优质的自然保护地集合，对最应该保护的地方实行最严格的保护。2019 年出台的《指导意见》明确了我国自然保护地体系将由国家公园、自然保护区和自然公园 3 个基本类型构成，并对其进行了基础界定。①

通过定义分解对比可以看出，国家公园、自然保护区与自然公园在保护对象、附加价值、保护范围和保护目标等方面的侧重点存在差异，具体如

---

① 中共中央办公厅，国务院办公厅. 关于建立以国家公园为主体的自然保护地体系的指导意见 [EB/OL]. 中央人民政府，（2019 – 06 – 26） ［2022 – 06 – 22］. http：//www. gov. cn/zhengce/2019 – 06/26/content_5403497. htm.

表2-4所示。

表2-4　国家公园、自然保护区和自然公园的差异性分析

名称	保护对象	附加价值	保护范围	保护目标
国家公园	具有国家代表性的自然生态系统	全球价值 国家象征 国民认同度	保护范围大, 生态过程完整	自然资源科学保护和合理利用
自然保护区	典型的自然生态系统, 珍稀濒危野生动植物种的天然集中分布区, 有特殊意义的自然遗迹	—	较大面积	主要保护对象安全; 维持和恢复种群数量及其栖息环境
自然公园	重要的自然生态系统, 重要的自然遗迹, 重要的自然景观	生态价值 观赏价值 文化价值 科学价值	—	有效保护和可持续利用珍贵的自然资源以及所承载的景观、地质地貌和文化多样性

　　就保护对象及其附加价值而言，国家公园的关键词是国家代表性，保护对象是被赋予了一定高度附加价值的自然生态系统，关注自然生态系统整体层面，其自然生态系统重要性、完整性和生态系统价值都高于自然保护区和自然公园；自然保护区的关键词是典型和珍稀，其保护对象不一定具有人类社会赋予的附加价值，关注的是某类珍稀的或典型的动植物、自然遗迹等，保护目标是围绕一个独特的自然特征进行辐射性保护；自然公园的关键词是重要和可持续，其保护对象重要且可以兼顾人类所需的美学和观赏价值，但不一定具有代表性和典型性。就保护范围而言，国家公园以生态单元的完整性为基本要求，试点经验表明国家公园面积均大于自然保护区和自然公园。就保护目标而言，国家公园追求科学保护与合理利用，保护力度和要求高于后两者，且有基础实现合理利用以满足人类社会的需求，即除却小规模或必要的生产生活外，不会大规模地进行资源利用和开发；自然保护区追求的是保护对象的安全；自然公园追求有效保护和可持续利用，保护要求低于前两者，更强调对资源的可持续利用。

综上所述，国家公园不仅拥有最优质的自然环境条件，还具备平衡生态保护与区域发展的可行性基础，属于"掐尖式保护"（彭建，2019）。从保护客体的自然条件或生态价值角度来看，国家公园优于自然保护区与自然公园，其生态条件和附加价值可满足生态系统服务的供给功能、调节功能、文化功能和支持功能；而自然保护区仅具有供给功能、调节功能和支持功能或其中之一；自然公园侧重供给功能、调节功能和支持功能某一功能与文化功能的结合（马童慧等，2019）。从保护主体的保护理念或力度角度来看，国家公园生态保护的要求和力度比自然保护区、自然公园更加严格（彭建，2019），且生态保护理念更加丰富，即要求国家公园在科学保护的基础上实现合理利用，满足人类社会多样化的生产、生活和生态需求。从治理角度来看，国家公园承担和面临多样化的人类福祉需求，国家公园治理必须识别和纳入多元主体的利益需求，并结合国家公园的生态、科研、教育和游憩等功能将其转化为切合实际的治理目标，在目标实现过程中调和利益冲突，形成符合国家公园主体需求与客体特性的治理策略。

（二）综合特征

国家公园需要适宜的面积和优质的生态质量来保持自然保护地生态功能的实现和自然过程的运行，更强调与周边利益群体的和谐互动，在保持物种和当地社区可持续发展的前提下尽可能减少人为活动，通过合理利用带动周围经济社会发展，表现出与其他自然保护地类型的差异化特征。国家公园独特优美的自然生态环境及其被赋予的国家、全球和人类价值，可归纳为生态重要和国家代表性两个保护客体特征。在此基础上，置于主体地位的国家公园实施最严格的保护策略，保护力度和要求高于其他自然保护地，并在严格科学的保护前提下强调自然资源的合理利用，可归纳为保护优先和兼顾发展两个特征。

1. 生态重要

生态重要的含义包括以下几个方面：首先，国家公园所在区位有助于保障国土生态安全，所划定的面积与规模可以保证生态过程完整和生态功能的发挥，即基本维持一个及以上的自然生态系统结构；其次，国家公园所在的区域多数处于自然原始状态，或经过修复可恢复为自然原始状态；最后，国家公园的生态系统服务功能显著，能够有效联结生态系统与人类福祉。基于此，生态重要特征包括生态系统完整性、原真性和规模适宜性 3 个方面（唐小平等，2020）。①生态系统完整性要求保持生态系统多样性，保证生态系统质量，提高生态系统对变化的适应能力以及对未来需求的供给能力。生态系统完整性重点关注过程和结构（组成要素）两个维度的完整，其是正常发挥生态功能的基础，能够在自然原始状态下长久维持生物群落和基因资源等生态要素的完整（何思源、苏杨，2019）。②生态系统原真性，是指生态系统与生态过程大部分保持自然特征和自然演替状态，自然力在生态系统和生态过程中居于支配地位（唐小平等，2020）。原真性概念最早被应用于文物遗产保护的国际准则，后来被引申到生态保护领域中，意为保护生态系统的原始面貌与自然状态（何思源、苏杨，2019）。③规模适宜性主要是对国家公园划定面积与保护面积的要求，其目的在于可以在更大范围内与更高程度上落实国家公园保护目标。例如，更大范围的保护面积将有利于维持生境需求范围大的物种生存繁衍和实现自我循环。

2. 国家代表性

国家代表性，是指国家公园所在区域的生态系统、动植物及其栖息地和自然景观等要素在全国乃至全球范围内具有一定的代表性，在一定程度上说明国家公园具有独特性与难以替代性。国家代表性可从生态系统代表性、动植物物种典型性和自然景观独特性 3 个方面进行分析（唐小平等，2020）。生态系统代表性要求国家公园所在区域的自然生态系统及其生态过程是我国特有、稀有的生态系统，有重要的国家意义和战略意义，比如，可以支撑地带性生物区系，或者不同地带性的顶级群落等（何思源、苏杨，2019）。动植物物种典型性要求国家公园所在区域分布的生物物种、种群在全国乃至全球尺度具有典型保护价值，如大熊猫、东北虎、丹顶鹤、红豆杉、中华白海豚等具有国家象征的旗舰物种及其他保护物种等。此外，上述典型物种因其典型性受到公众的广泛关注，是自然教育和民族认同感培育的重要纽带。自然景观独特性是对国家公园景观的评价标准，要求国家公园区域内的景观景色是在全国乃至全球尺度罕见的自然美景，或者是被赋予文化价值、具备国家层面象征意义的历史文化遗产等（何思源、苏杨，2019）。

3. 保护优先

保护优先，是指国家公园的生态保护目标始终处于首要和优先层级，在资源管理和公共服务供给上将倾向于保护角度，保护是发展的前提和最终目标。实行最严格的保护包含严格"源头"保护、严格准入标准、严格管理过程和严格责任追究等方面。严格"源头"保护是保护自然生态系统的原真性和完整性，保护和恢复生态系统自组织能力，让生态系统呈现未经人类干扰的历史某个时期的面貌；严格准入标准是制定科学严格的准入标准，结合自然属性、生态价值和管理目标合理设定国家公园及其范围划定，将最应该保护的地方保护起来，确保保护范围可以维持原真性和完整性以及管理措施可行；严格管理过程，是指在国家主导和共同参与原则下，构建统一事权、分级管理的体制机制，通过统一管理机构解决管理职能交叉和权责划分不明的问题，保证国家公园生态保护、资源管理、社区参与等目标的实现，通过分级行使所有权、协调管理机制和健全监管机制等方面来划清责任范围和责任主体，解决自然保护地权力边界不清、资金短缺和人力不足等历史遗留问题；严格责任追究是管理过程，尤其是监管机制运作后的具体执行结果，直接影响管理效果与保护优先的落地。

4. 兼顾发展

兼顾发展是指科学保护前提下的合理利用，综合、统筹和协调考虑自然生态系统完整性、原真性等保护要求与周边社会经济等区域发展需求，通过社区共管机制和社会参与机制等来解决割裂保护和"抢救式保护"导致的利益冲突，通过国家公园生态产品供给满足人民日益增长的美好生活需要。兼顾发展是生态第一前提下全民公益性的实现，包括社区发展、地方发展和全民发展等。社区发展是指国家公园应妥善处理社区居民与国家公园的关系，通过就业安排和生态补偿等方式协同社区居民利益与国家公园利益，鼓励社区居民通过利益参与和决策参与等方式进入国家公园的规划、运行、评估和管理等环节。对自然资源和传统生计依赖程度较高的社区居民，应通过宣传教育、职业培训及其他转化途径来多元化社区生计，引导发展与国家公园保护兼容的可持续生计，并着力培育和提升社区居民的自然保护理念。地方发展与社区发展一脉相承，不是将国家公园作为地方经济的"发动机"和"摇钱树"，而是通过生态产业化和产业生态化的理念将国家公园的"绿水青山"科学地转化为"金山银山"，协调国家公园属地的生态、经济与社会发展。全民发展比社区发展和地方区域发展覆盖面更广，是通过生态旅游、自然教育、绿色产品输出和民族文化传播等途径将国家公园产出的公共产品惠及更多公众，让国家公园生态保护成果成为最普惠的民生福祉。实质上，兼顾发展的目的不仅是满足社区、地方和公众的不同需求，其还期望通过共享发展成果来提高全民生态保护意识，更协调和更主动地履行生态保护责任。

　　综上所述，国家公园拥有优质的自然生态本底和具有国家代表性的生态价值，因此保护力度比自然保护区、自然公园更大，但优美的环境和人民优美生态环境需要又要求国家公园在保护优先的前提下兼顾多层次发展，因此，生态重要、国家代表性、保护优先和兼顾发展是我国国家公园的主要特征，也是其区别于其他自然保护地的综合特点。

第三节　国家公园治理的行动逻辑

　　虽然国家公园具备平衡生态保护与区域发展的前提条件，但仍需适宜的治理策略与行动选择来匹配治理主体的需求与治理客体的特性，实现国家公园的有效治理。本节以"保护与发展"为分析起点，将社会—生态系统作为分析框架，系统阐述国家公园治理策略及其行动选择。

一、行动策略

　　将"保护与发展"作为分析的起点是国家公园建设与发展的题中之义，也是通过发挥客体本质优势来满足主体治理需求的核心思路。从治理主体的需求分析中可以看出，建设国家公园不仅仅是新建一个自然保护地类型，而是期望从自然保护地中"挑选"和"整合"出具有优质自然本底和代表性价值的保护区域，在保护优先的策略中兼顾发展，探索出平衡保护与发展的本土模式。从治理客体的特性分析中可以看出，国家公园拥有最优质的自然环境条件，相较于自然保护区与自然公园更具备平衡生态保护与区域发展的可行性基础，是探索生态保护与区域发展本土模式的适宜对象。然而，国家公园作为集生态、科研、游憩和教育等功能于一体的多功能综合体，必然需要排列、优化和统筹多元目标次序，难以化解以"保护优先"名义抵制保护与发展的冲突和"合理利用"难以"合理化"的压力（李群绩、王灵恩，2020）。从治理视角出发，生态保护与区域发展失衡现象是利益主体非合作博弈下的集体行动困境，其原因来自思维理念与现实利益两方面，思维理念是长期的线性管理思维放大了保护与发展的竞争关系，现实利益是国家公园不能实现利益相关者诉求的激励相容。因此，国家公园治理要求促进个人或机构通过一定的方式管理国家公园的共同事务，要在不同层次和范围内对个人和集体之间的活动进行协调，使矛盾得到缓解、利益得到调和，充分考虑国家公园利益相关方的利益融合点与利益冲突点，追求利益主体基于生态保护共识的集体行动。基于此，治理策略包含锚定保护与发展情境对象、培育保护与发展共生理念和识别保护与发展利益冲突 3 项关键内容。

（一）锚定情境对象

1. 保护对象

国家公园的定义明确其保护对象是具有国家代表性的自然生态系统，因此，此处的保护与生态保护同义。结合有关生态保护功能的阐述可知，国家公园保护对象涵盖生态系统、生物多样性、自然资源和自然景观等，其目标是保证生态系统的原真性和完整性，可细分为自然资源数量质量、环境质量、生物多样性和自然景观等具体目标开展管控性的保护操作。国家公园的保护对象与可持续发展理念的发端密切相连，也与保护地的本质属性和首要功能紧密相关。

2. 发展对象

发展是一个含义广泛的词汇，在大多数文献中泛指社会经济的系统发展。结合兼顾发展的特征分析，我国国家公园的发展包含了 3 层内涵：第一是推动其内部及周边社区的生计福利发展；第二是推动所在地区（行政省、市、县）的经济社会发展；第三是推动广义社会精神文化发展，促进公众生态意识与行为的进步。由于第三层内涵涉及社会精神文化层面，不易精准度量，且需要国家公园内的多项政策手段共同发力才可达成发展目标。为方便研究和度量目标，本书将发展定义为区域性的经济社会发展（以下简称区域发展），主要包含第一层和第二层内涵。综上，国家公园的发展对象主要包括社区居民福利和地区经济社会状况。

（二）培育共生理念

生态保护与区域发展呈现竞争和共生两种典型互动关系，如图2－1所示。[①]

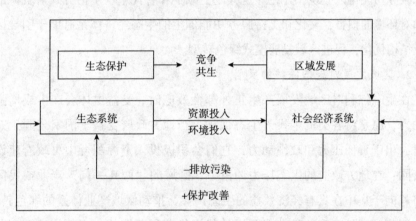

图2－1　国家公园生态保护与区域发展的复合关联

国家公园保护与发展的竞争关系，是指国家公园生态保护限制区域粗放式发展，从而导致生态的被动保护，延续粗放式发展模式很大程度上会突破生态保护的约束底线。国家公园保护与发展的共生关系，是指国家公园生态保护与区域经济社会发展紧密结合，自然资源与生态环境为区域经济发展提供要素与动力，区域发展带来的经济社会效益反哺国家公园生态保护，提升生态效益，达到国家公园所在区域经济、社会和生态的协调发展。共生关系

① 温亚利，侯一蕾，马奔，等.中国国家公园建设与社会经济协调发展研究［M］.北京：中国环境出版集团，2019：70.

是平衡生态保护与区域发展的适宜选择，释放国家公园生态红利，从而驱动区域发展转型，区域发展成果反哺国家公园生态保护。

1. 生态红利对发展转型的驱动

以掠夺资源和牺牲环境为代价的工业化、城市化和现代化是以"高投入、高消耗、高消费、高污染"为特征的粗放型发展方式，国家公园作为生态重要区域，承担生态屏障、科研溯源、自然教育和精神游憩等多重功能，有能力和责任推动区域发展模式的转型。国家公园通过最严格的保护举措维持生态平衡，最大限度地降低人类活动对自然环境的负面影响，并将上述生态效益通过供给、调节、文化和支持服务功能予以发挥。国家公园生态保护的红利将依托生态服务功能得以显现，并在一定程度上减少和替代生产生活方式对资源的依赖和对环境的损害，文化和支持服务功能催生的生态经济体系有助于引导区域产业结构优化，促进区域发展模式绿色转型。

2. 区域发展对生态保护的反哺

在生态红利对区域发展产生正外部性效应时，受益主体会产生或增强保护动力，愿意将各类资本投入生态保护，当地方政府受益于国家公园生态红利时，出于责任压力和政绩动力，它们会积极投入资源配合中央政府建设国家公园；在地方政府的生态压力约束下，区域的"两高一剩"产业或民间资本将趋向于集中在具有经济效益的生态产业，推动区域产业体系的绿色转型；基于国家公园教育和游憩功能开展的特许经营所获取的收入可用于国家公园建设和组织运转等，继而服务于国家公园生态保护工作；依赖自然资源的社区居民得益于生态红利所带来的经济社会收益，不仅会加深社区居民对故土的文化情结，还会促使社区居民等主动参与生态保护活动，他们所提供的人力资源和本土知识将有助于提升保护效率。

（三）识别利益冲突

利益冲突的实质是利益主体诉求的矛盾，保护与发展利益冲突，是指直接或间接参与国家公园生态保护和合理发展活动的利益主体，其行为影响了国家公园保护与发展活动或受其活动影响。刘伟玮等（2019）结合Mitchell 提出的多维分类法，从合法性、重要性和紧迫性 3 个方面将国家公园管理部门、地方政府、社区居民、特许经营者划分为核心利益主体。基于核心利益主体的利益趋同与潜在利益冲突的分析（见表2-5）可以看出，国家公园利益关系复杂，涉及政府间、政企间、政社间和企社间的利益冲突。

表2-5　国家公园核心利益主体的利益趋同与潜在利益冲突

利益主体		利益趋同	潜在利益冲突
国家公园管理部门	地方政府	区域生态系统保护	地方政府多元目标与管理部门生态保护优先的冲突，地方政府能力不足与管理部门协调需求的冲突
	社区居民	通过生态保护保证长期居住的生态环境安全，并通过生态保护获取相应的经济补偿	传统生计需求与生态保护政策及补偿不到位的冲突
	特许经营者	提高国家公园品牌价值，实现游憩、教育等功能	经营需求与生态保护限制的冲突
地方政府	社区居民	通过国家公园提高社区居民生计（如生态脱贫和乡村生态振兴等）	社区居民的发展需求与地方政府保障能力有差距，如生态搬迁冲突
	特许经营者	提升国家公园合理利用水平和品牌价值，带动地方经济社会发展	特许经营者的发展需求与地方政府保障能力有差距，如国家公园周围公共设施不配套
社区居民	特许经营者	通过国家公园及其效应提升生计或经营水平	经营活动侵犯居民生存权和发展权的冲突

二、行动路径

（一）治理目标

国家公园区域是由多要素、多类型和多层级系统组成的复杂系统，生态要素和社会经济要素跨尺度交互作用明显（吴承照、贾静，2017）。面对多稳态、非线性、不确定性、整体性及复杂性的特征（Liu et al.，2007），培育国家公园保护与发展的共生关系要在一定程度上摒弃"非此即彼"的线性思维，正确认识社会—生态系统的适应性循环特征。可持续运转的社会—生态系统是国家公园共生关系的理想状态模型，恢复力（弹性、韧性）、适应性与转型力是系统可持续性的能力表征和影响因素。恢复力（弹性、韧性）是指社会—生态系统遭受外来干扰后维持并恢复到原状的能力（Holling，2001）。适应性是社会—生态系统的行为者会对系统恢复力进行管理的能力，人类行为影响社会—生态系统的走向，适应力的过程和结果会对恢复力产生影响，决定社会—生态系统能否跨越不良稳态或进入理想稳态（余中元等，2014）。转型力是指系统跨越不良稳态，进入全新稳态的一种转变能力。社会—生态系统所处的稳态有优有劣，若系统处于不理想的稳态，适应系统且任其发展显然不是最优策略，在此种情况下，则需要一种能力来摆脱现在的系统稳态，这种能力被称为转型力，它可能来自社会—生态系统外部的干预，也可能来自社会—生态系统的内部变革。

随着人们对人与自然关系的理解逐渐深入，社会—生态系统研究出现了"韧性研究的社会转向"趋势（Brown，2014），不同尺度的跨学科研究纷纷出现。奥斯特罗姆（2009）在 IAD 框架和其他学者研究成果的基础上，提出社会—生态系统分析框架，其所构建的跨学科语言将社会科学与自然科学有机联结，在生态环境领域内获得了广泛应用，也为公共治理提供了多视角的综合分析框架。SES 框架展示了"社会维度"和"生态维度"在不同层级的多变量互动，政治、经济、文化进程中的人类行为与活动引发了以气候变化为主的一系列生态变化，并通过不同途径作用、反馈或影响人类的福祉（Liu et al.，2007）。

SES 框架展示的逻辑语言为：一是基于生态系统（ECO）和更为宏观的社会、经济和政治背景（S），治理系统（GS）和资源系统（RS）等背景条件进入行动情境；二是受到治理系统规则制约的行动者（A）和作为资源系统组成部分的资源单位（RU）分别参与和输入行动情境；三是行动者会从资源系统中获取资源单位，并根据规则维护和保持资源系统的运转。在提取、保护和维持的活动中，4 个部件会进行持续多样的互动，并产生不同的互动结果。框架概念如图 2－2 所示。

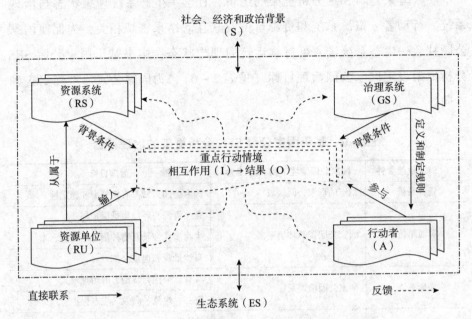

图 2－2　社会—生态系统（SES）框架概念示意图

国家公园情境下的 SES 框架包含以下要件：①国家公园（RS）；②国家公园资源与环境单体要素（RU），如动植物物种/种群、森林、水和土壤等自然资源等；③国家公园治理系统（GS），如国家公园管理体系、地方政府、社区组织、社会组织等；④行动者（A）是以各种方式、出于不同目的处于社会—生态系统中的个人，如社区居民、经营者、志愿者和访客等。

个体与生态环境及其他个体的交流、学习、演化将在整体层次上促进新结构、现象和更复杂行为的产生，国家公园行动者在治理系统定义和设定的规则下开展行动，围绕生态保护、自然教育、科学研究和游憩休闲 4 个功能的行动情境包含了大量互动，并与结果相互影响、相互作用。例如，国家公园管理机构工作人员、地方政府工作人员与社区居民围绕生态保护功能开展自然资源利用互动，若其均遵守资源利用规则，国家公园恢复力将逐渐增强，能够为人类社会提供更丰富的生态系统服务，并转化为价值更高的单位资源回馈于社区居民。

依照国家公园 SES 分析框架的逻辑，社会—生态系统理想状态与治理系统、行动者、资源系统和资源单位及其互动结果密切相关，为促使国家公园社会—生态系统进入可持续运转的理想状态，本书基于国家公园 SES 分析框架设定国家公园治理目标（见表 2 – 6），为国家公园治理确定正确方向。

表 2 – 6　基于国家公园 SES 分析框架的治理目标

SES 框架要件	国家公园情境下的 SES 要件	治理目标
资源系统	划定的国家公园区域	国家公园区域具有恢复力和稳定性
资源单位	国家公园资源环境要素	自然资源与环境质量保护
		生物多样性及其物种栖息地保护
		自然景观和遗迹保护
治理系统	国家公园治理系统	具有适应性与转型力的治理模式
		统一、规范、高效的生态保护管理体制
行动者	国家公园行动者	社区生计
		游憩体验
		自然教育
		科学研究
		地区经济
		生态保护

（二）实现路径

进入"人类世"以来，人类活动对地表生态过程的影响显而易见（Lewis and Maslin，2015；孙晶等，2020）。为促使国家公园社会—生态系统进入理想稳态，即有助于人类福祉的状态，相关学者提出适应性治理等理念。治理过程所强调的"干中学"鼓励多元主体从不同视角进行对话，期望通过适宜的社会结构、管理结构和组织结构，促进不同主体协作，应对社会—生态系统所面临的风险与挑战，通过不断调整治理策略来满足"主动改变不良的社会—生态系统状态"和"调节并维持良好的社会—生态系统状态"两种需要

（宋爽等，2019；刘志敏、叶超，2021）。

立足人类行动的主导作用力，本书期望通过构建或调节治理结构促进国家公园社会—生态系统的可持续运转，保障人类福祉。在国家公园 SES 分析框架下，将治理系统（GS）和行动者（A）的目标看作自变量和中介变量，通过治理系统维度的目标实现来促进行动者维度的目标，进一步促进资源系统（RS）和资源单位（RU）的目标实现，完成生态保护与区域发展的协调共生。

如图 2-3 所示，治理系统的目标包括具有适应性与转型力的治理模式和统一、规范、高效的生态保护管理体制；行动者目标是国家公园多元主体的个体目标，包括针对社区及社区居民的社区生计目标、针对访客及普通公众的游憩体验目标、针对公众的自然教育目标、针对科研工作者的科学研究目标、针对地方政府的地区经济目标和针对国家公园管理机构及资源环境部门的生态保护目标等。在适宜的治理模式与管理体制的规范下，多元主体选择个体行动策略来实现上述行动者目标，目标实现所产生的个体满足感驱动行动者投入生态保护的集体行动，促进实现资源系统与资源单位的治理目标。

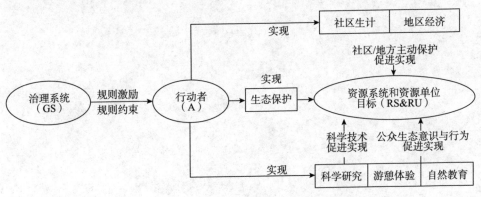

图 2-3　基于 SES 框架逻辑的治理目标实现路径

在目标实现过程中，国家公园社会—生态系统需要关注主体、结构和动态 3 个核心（宋爽等，2019）。主体是社会—生态系统的个体、群体和组织，可理解为国家公园治理的多元利益主体，它们在不同需求、背景、目标和使命的驱动下具有不同行动选择和行为策略。结构是指不同利益主体内部、利益主体间、利益主体与治理客体的复杂作用关系，可理解为治理系统中不同的利益主体关系、主体与国家公园的作用关系。动态是指系统以及系统各部分随时间推移而发生的变化，可理解为不同时空特征下的治理系统多样性选择。

第三章　国家公园治理模式构建

首先，本章归纳了目前 4 种主要的自然保护地治理模式，并对各种模式的特征进行了比较分析，总结了各种模式下的典型治理方法、优势和挑战，给出了其参考价值。其次，在此基础上，结合我国国家公园的治理目标，探讨了我国国家公园治理模式的构建原则，提出了我国国家公园可行的两种治理模式，并从治理结构和互动关系两方面阐述了治理模式的运作机制。最后，对治理模式的适用条件进行了分析。

第一节　国际自然保护地的典型治理模式

治理模式是自然保护地治理理念的载体。适宜的治理模式是指匹配于本底条件和治理目标的治理模式，其不仅能够发挥治理效能，促进自然保护地善治，还有助于推动实现生态、社会和经济的协调发展。治理模式的划分常以土地资源所有权、资金来源和管理主体等单项指标或组合指标为分类标准。

IUCN 和世界保护地委员会等国际组织在《IUCN 自然保护地治理指南》中将全球自然保护地治理类型划分为政府治理、共同治理、私有治理、社区治理四大类及其 11 个子类（见表 3 - 1），其分类标准是决策主体，具体是指在战略制定和关键决策中拥有权力与责任的利益相关者。这一分类标准体现了对"主体"重要性的认同与关注。需要说明的是，本书将 IUCN 提出的治理类型等同于治理模式。

表 3 –1 IUCN 自然保护地治理类型

治理类型	子类型
政府治理 （Governance by Government）	联邦政府或国家部门/机构负责； 地方政府部门/机构负责（如区域、省级、自治区）； 政府授权管理（如非政府组织）
共同治理 （Shared Governance）	跨边界管理（一个或多个主权国家或领土之间的协作管理）； 合作管理（不同主体和机构通过各种方式一起工作）； 联合管理（成立多元管理委员会或多方治理机构）
私有治理 （Private Governance）	通过个人土地所有者建立和管理； 通过非营利组织建立和管理（如非政府组织、大学）； 通过营利机构建立和管理（如企业土地所有者）
社区治理 （Governance by Indigenous People's and Local Communities）	通过原住民建立和管理； 通过社区建立和管理

本章立足第二章所述的行动逻辑，在借鉴 IUCN 对治理模式分类的基础上，构建适宜的治理模式，分析不同利益主体在治理模式下的运行机制和面临的挑战。

一、政府治理模式

政府治理模式是国家或地方政府部门/机构作为决策主体，保留自然保护地整体控制权，并作出主要决策的治理模式。该治理模式可划分为中央政府治理模式、地方政府治理模式和委托治理模式 3 种类型。

（一）中央政府治理模式

中央政府治理模式对应的是联邦政府或国家部门/机构负责的子类型。在该模式下，通过垂直管理体系建立纵向权力架构，中央政府设立专门的保护地管理机构或将管理职能交由某一职能部门具体负责，利用权力分配职能的加强来统辖自然保护地。该类型在全球国家公园管理中最为常见。中央政府治理模式的逻辑是以"强制秩序"为起点，由中央政府部门管理机构基于法律、法规对自然保护地进行科学规划、统筹安排，同时要求中央政府承担主要资金责任。因此，该模式通常需要以强大的政府财力和强制力为支撑，对行政成本、管理成本和保护成本等要求较高。

作为第一个建立国家公园的国家，美国对国家公园的管理在"内政部—国家公园管理局（联邦）—地区分局（区域）—公园管理局（基层）"的机构设置下实行中央政府治理模式（秦天宝、刘彤彤，2020）。美国国家公园包括广义和狭义两重概念，广义的国家公园是指由美国国家公园管理局管理的国家公园体系，包括国家公园、纪念地等 20 余个自然保护地类型；狭义的国家公园是指国家公园这一种自然保护地类型，其拥有广袤的自然保护区域、丰富的自然资源和多样的动植物种类。本书的国家公园仅指代狭义的国家公园（钟永德等，2019）。美国国会于 1916 年通过《国家公园管理法》，并依法设立了归属美国内政部的国家公园管理局，本部机关设在华盛顿哥伦比亚特区，代表国会对各个国家公园的"权、钱、人"进行调度配置。同时，国家公园管理局设有首都、东北部、东南部、中西部、西太平洋、阿拉斯加、英特蒙顿 7 个区，分别负责各辖区的国家公园单位管理。国家公园管理局局长由总统提名，并经过美国参议院批准，常设 3 名副局长，分别负责对外联络、对内管理和国家公园体系运营。此外，国家公园针对自然资源监测管理、公众参与、对外交流、志愿者与访客等具体事务分别设置了协理局长，受运营管理副局长的领导管理。

国家公园中央治理模式的优点在于能有效地统筹和协调政府部门间的权责分配，以强制秩序和法治逻辑在一定程度上推动中央层面自然保护地政策的落实，从宏观角度保障整体的生态保护效果，达成生态系统完整性和生物多样性的保护目标。然而，由于地方政府的参与程度受到限制，该模式在调动地方政府积极性和协调区域社会公众关系方面面临挑战，且单一化的资金来源不仅给中央财政造成资金压力，也容易使自然保护地管理工作面临"捉襟见肘"的窘境。2012 年，美国数个国家公园曾遭遇因联邦政府资金紧张而导致公园关闭的情况（沈兴兴、曾贤刚，2015）。

（二）地方政府治理模式

地方政府治理模式或属地自治模式对应地方政府部门/机构负责的子类

型，地方政府或部门直接对基层管理机构行使指导、管理和监督权力。此时，中央政府的主要职责是对外交流、沟通和联络，对内协调、引导和统筹，地方政府或管理部门享有自然保护地的决策权。与此相对应，自然保护地的资金支出也依赖于地方政府财政。与中央政府治理模式相比，地方政府治理模式是自然保护地领域权力下放的表现，基层组织的管理权限较大，而去中心化趋势和现代管理信息技术也有助于该模式应用范围的进一步扩展。

澳大利亚的自然保护地大多属于地方政府治理模式，除卡卡杜国家公园、大堡礁海洋公园和阿尔卑斯山国家公园等由联邦政府管理的特定保护地外，多数自然保护地由州（领地）政府负责。澳大利亚各州保留自然资源所有权在一定程度上促使澳大利亚采取地方治理模式（周武忠等，2014），形成了联邦政府协调下的地方主导治理特点，即立法、行政和执法等权力归属州政府（领地政府立法需要联邦政府授权批准），联邦政府发挥协调辅助作用。

联邦层面的澳大利亚国家公园管理局设立在农业、水和环境部，在《环境保护和生物多样性保护法》的指引下开展自然保护地管理和协调业务，如履行国际合约、联邦保护地管理、保护地科研合作等（贾丽奇、杨锐，2013）。各州（领地）设置的保护地主管部门将管辖领域划分为若干区域，每个区域派出1名区域经理委托管理该区域内的自然保护地，形成州—片区—保护地的管理体制。保护地管理机构与当地政府和社区进行协调合作，对接片区经理和州（领地）管理机构，具有较为广泛的自主裁量权（温战强等，2008）。除联邦政府主管机构外，澳大利亚政府理事会、自然资源管理部长理事会和澳大利亚自然遗产信托基金等，在促进跨部门合作方面也发挥了积极作用，同时还会为自然保护地提供咨询、建议和资金服务。

地方政府治理模式的优点在于地方政府熟悉当地自然、经济和社会基本情况，具备大量的本地工作经验，善于寻求适宜的治理手段来发挥生态红利、平衡生态保护与区域发展的关系，调动社区居民的积极性，协调生态保护和社区生计的关系。然而，地方政府往往会面临因过度追求经济社会发展而偏离自然保护地初始建构目标，忽视生态保护长远利益的问题，这使国家公园等自然保护地暴露于"纸上公园"（Paper Park）的风险环境下。与此同时，在自然保护地划定范围突破行政区划时,地方政府会面临跨区域和跨部门合作的挑战,央地政府与区域政府间的权责划分与协调合作都对治理能力提出了更高的要求。

(三)委托治理模式

政府授权管理也可称为"委托治理(Delegated Governance)模式",即政府保留对自然保护地的整体控制权或主要决策权,将运营管理的常规性任务通过授权的形式委托给社会组织、企业或者社区等。值得注意的是,本书与IUCN在委托治理模式的分类标准中有细微出入:《IUCN自然保护地治理指南》中把东欧国家将管理责任从中央转交给下级部门(如环境部)的"权力分散"类型也认同为委托治理,但本书所提及的委托治理模式仅包含中央政府或地方政府将管理责任授权委托给非政府组织、企业、社区和个人的情形。

塞尔维亚政府以"双重特许权"机制将瑟切乌列盐场自然公园委托于私营移动电话公司负责管理是委托私人公司治理的典型案例。"双重特许权"是指允许海盐生产和负责海盐产地、周边及自然保护地的管理。该自然公园的特点是生物多样性及景观与海盐生产活动共存,景观包括适合海盐的植被、湿地鸟类和濒危海岸栖息地,景观保护与生产活动的继续开展息息相关。塞尔维亚政府将批准的规划及相关保护方案交由私营公司执行,海盐生产、旅游经营等活动带来的收入在支付特许权费用后由私营公司自行支配,但至今该公司还没有完成成本回收。该公司的经营不仅有助于完成区域生物多样性保护,还通过促进区域就业实现了社会发展目标,塞尔维亚政府和国际机构目前一直对该自然保护地进行资金支持(Borrini - Feyerabend et al.,2016)。此外,位于中国香港的米埔湿地自然保护区由香港特区政府授权世界自然基金会香港分会治理,政府主要行使监督权并象征性地收取1元/年的租金(沈兴兴、曾贤刚,2015)。阿尔巴尼亚、保加利亚、斯洛伐克、斯洛文尼亚等国都有部分委托给非政府组织治理的自然保护地。

委托治理模式应是委托代理理论在自然保护地的实践之一,但在全球范围内并不常见,尤其对于国家公园这一保护地类型来说。虽然该模式有利于发挥社区、企业和非政府组织的专业性,调动利益相关者参与治理的积极性,但需在委托初始阶段明确权责、目标和预期效果，并在全过程实施适应性的动态调整，对委托和代理双方的协作能力和代理方的专业素养要求较高。此外，若政府在委托治理时未真正做到"权力下放"或未给予应有的配套支持，则会在一定程度上影响该模式的治理效果。

二、共同治理模式

共同治理模式是一种依赖共识秩序的治理模式。在该模式下，自然保护地的决策主体由不同利益相关方组成，一般包括政府、企业、专家组织、社会组织、社区居民和当地社区，通过主体间的共享共建和权力分享协调达成治理共识，实现自然保护地功能和目标。该模式可划分为合作治理、联合治理和跨边界治理 3 种子类型。由于治理与管理概念在长期的实践工作中并没有严格区分，上述子类型在《IUCN 自然保护地治理指南》中也被称为合作管理（Collaborative Management）、联合管理（Joint Management）和跨边界管理（Transboundary Management）。

（一）合作治理模式

合作治理是共同治理的形式之一，是指治理过程中的利益相关方通过设定的合作机制（如协议、联盟和伙伴关系等）共同管理保护地。合作治理模式下的保护地决策权和责任集中在一个部门，但该部门需按照法律或政策要求在规划、计划和执行决策时告知其他权利持有方和利益相关方或征询其意见。

阿波岛是菲律宾著名的海洋保护区，也是基于社区开展海洋资源管理的成功案例之一（邓颖颖，2018）。20 世纪 70 年代中期，为改变阿波岛周边的鱼群数量减少和珊瑚礁急剧恶化的状态，西利曼大学海洋学家、社会学家与当地社区合作，开展了以保护鱼类资源和恢复珊瑚礁为目的，以当地社区为基础的海洋保护、研究和教育计划。1982 年，0.45 平方千米禁渔区的设立意味着阿波岛海洋保护区为当地居民所认可，并由当地社区进行治理；1985 年，在海洋保护与发展计划（Marine Conservation and Development Program，MCDP）的协助下，地方政府承认该保护区并参与治理，但主要治理主体仍是当地社区。截至 1994 年，阿波岛海洋保护区成为隶属国家综合保护地系统下的风景与海景保护区，中央政府成为实质性管理主体并成立了保护区管理委员会（Russ et al.，2003），由社区和政府共同治理，核心利益相关者包括阿波岛社区领导代表、地方政府行政长官和代表中央政府的保护区与野生动物管理局（隶属环境与自然资源部）。虽然阿波岛在成为国家自然保护地后逐渐采用政府治理模式（Hind et al.，2010），但初期由社区公众、科研机构和地方政府开展的治理活动可以视作合作治理模式的典型代表，其治理实践有效促进了渔业资源和珊瑚礁保护工作，由此带来的旅游资源不仅为生态保护提供了稳定的资金来源，也反哺了社区生计和区域发展。

（二）联合治理模式

联合治理模式一般需要成立多方共治机构，各种利益的代表方或支持方在治理机构中共同享有决策权，通过主体共享共建和权力协调来实现治理目标。决策过程是"协商共识"的过程。由于自然保护地的公共资源属性，政府代表往往作为核心利益相关者参与共治。政府治理与联合治理的区别在于其他利益相关方是否拥有权责，而"协商过程""共管或共治协议""多元共治机构"是区分政府治理与联合治理的主要衡量指标。合作治理和联合治理作为共同治理的两种相似子类型，区别在于权责是否集中。合作治理模式的权责（尤其决策权）集中在一个主体身上（如阿波岛的治理前期集中在社区），联合治理的权责共享于多个主体间，多元共治机构是权责共享的主要实现形式。

法国在1960年颁布《国家公园法案》后，于1963年建立第一个国家公园——拉瓦努瓦斯国家公园。在经历了40多年类似美国的中央政府治理模式后，于2006年启动了一系列国家公园改革，措施包括颁布新法案、实施"核心区＋加盟区"的分区规则和采用共同治理模式等。结合国家公园宪章的协商共识属性、"董事会＋管委会＋咨询会"治理结构、以董事会为代表的共治机构特征，本书认为法国国家公园治理实践更贴近于联合治理模式。

在共治协议方面，法国国家公园通过宪章对国家公园区域（包括核心区与加盟区）发展目标、实现路径以及生态保护措施进行规定，要求利益相关方参与制定规则并严格遵守，它是用以指导国家公园规划、管理与建设的纲领性文件和带有协商共识特征的共治规则。宪章是每个国家公园必须制定的合约式管理制度，15 年为一期，由国家公园董事会牵头起草，融入利益相关方共同协商程序与意见，经过法国议会审议后，以立法形式正式公布。参与者包含国家政府代表、大区政府代表、市镇代表、国家公园管委会工作人员、经济个体和居民等（陈叙图等，2017）。

董事会作为共治机构担任主要决策者角色，负责国家公园遗产保护、规划和组织等方面的审议和决策工作。董事会主席由董事会选举产生，由地方市镇长担任主席的情况居多。为保障地方利益，有半数以上的董事会委员是地方代表。与此同时，科学委员会主席、法国大区委员会行政长官、市镇长（市镇位于国家公园核心区且面积占比超过 10%）等无须选举可自动成为董事会委员。管委会是国家公园管理局（隶属法国生态转型与团结部生物多样性署）的垂直管理机构，承担执行者角色，人、事、财权归法国环境部所有。咨询委员会承担科研和咨询责任；科学专家构成的科学委员会，负责为规划项目、公园运营、游憩活动和资源管理等项目提供科学咨询与评估。由非政府组织代表、行业协会代表和社区代表等组成的社会、经济与文化委员会将代表不同的利益相关者在宪章协商制定、合作项目调研、社区生计发展等方面发挥经验指导和意见反馈等作用（Mathevet et al.，2016；张引等，2018）。

（三）跨边界治理模式

跨边界治理模式面临行政区域或国家主权的跨越，涉及两个及以上国家或一国内不同行政区，或超越国家主权/管辖权的陆地或海洋区域，一般通过法律或其他手段开展共同治理。跨界保护区、跨界保护陆地和/或海洋景观、跨界迁徙保护性区域等都是跨边界治理模式的主要形式。该模式虽然突破了行政边界对生态边界的限制，有利于保障生态系统的完整性，然而，国家/区域在政治、语言和文化等方面的差异在一定程度上限制了该治理模式的应用。

目前，国际公认的世界第一个跨界自然保护区是 1932 年建立的沃特顿—冰川国际和平公园，它由加拿大沃特顿湖国家公园和美国冰川国家公园合作建立（吴信值，2018），总面积 4576 平方千米。两个国家公园不仅接壤，生态系统也密不可分，美国境内的冰川公园不仅是加拿大沃特顿湖的发源地，其东麓的诸多河流也向北流入加拿大境内，而沃特顿湖西麓的河流又向南流入美国境内（陈耀华、黄朝阳，2019）。为保证生态完整性及其友谊、和平的象征性，两个国家公园签署协议成立沃特顿—冰川国际和平公园，并于1995年联合申报并被列入世界自然遗产名录。沃特顿—冰川国际和平公园没有统一的管理框架，两个国家公园管理机构分别在本国的管理体制和制度下运作。沃特顿—冰川国际和平公园的跨边界共同治理主要体现在公园实质活动的合作过程，包括统一宣传标识、旅游资源管理、科研交流、解说人员等人力资源交换，以及日常巡护、火灾管理和紧急救援等应急事务处理的联合行动。虽然两个国家公园在基础设施和物资上广泛共享，但加拿大和美国在野生动物保护和流域生态保护方面并没有达成一致。例如，狼在美国被认为是濒危的物种，但是在加拿大却被允许狩猎（王伟等，2014）。为了减少跨边界治理中多利益相关者所带来的复杂影响，沃特顿—冰川国际和平公园通过实施"皇冠管理者伙伴关系"计划（沃特顿—冰川国际和平公园被称为"落基山脉的皇冠"）来应用以生态系统为基础的适应性治理方法，主要通过年度会议将利益相关者聚集起来，围绕生态系统信息和个人期望进行交流，制订和讨论全面的工作计划，以方便选择管理工具、汇编管理数据和开展相应研究，该工作计划由伙伴关系成员代表组成的指导委员会进行协调。

跨边界治理模式能够突破政治、文化和社会的边界，更好地响应生态系统需求，从生态完整性角度实施保护措施，不仅有助于降低因干扰而导致物种灭绝的概率，也可以更有效地控制病虫害及外来生物入侵，并防范火灾、走私和偷猎等非法活动，有助于促进区域间的协作治理。当然，跨边界治理需要不同语言、不同政治体制和文化背景的合作者和多层次利益体共同参与，这无疑是一项巨大的挑战（石龙宇等，2012）。

三、私有治理模式

私有治理模式又称公益治理模式，即私人、非营利组织或营利机构基于资源与环境保护、社会责任感、生态经济价值收益等因素对自然保护地开展治理活动。该模式分为个体土地所有者建立和管理、非营利组织建立和管理（如非政府组织、大学）和营利机构建立和管理（如企业土地所有者）3种子类型。本书根据治理主体，即确定保护目标、制订和实施保护计划、负责决策的主体，将上述子类型称为私人治理模式、非营利组织治理模式和营利机构治理模式。私人治理模式是指由个人、家庭或信托基金拥有土地所有权，并负责决策；非营利组织治理模式是指非营利组织为某个特定使命进行治理和运作，其决策行为受到管理层或法规制度的控制，可包括传统非政府组织、科研机构和宗教团体等；营利机构治理模式一般是指企业作为治理主体，该模式的决策受到机构内部执行部门、监事会、董事会和其他利益相关者的控制。多数情况下，私有治理是土地所有者的自愿行为，政府会通过不同方式提倡、认可和约束治理主体的行为。例如，南非的私有保护地成立需要经过政府的法律认可，并签署相关承诺，其产权和发展权会受到法律约束；欧盟国家的私有保护地需要遵守有期限的农业—环境协议，同时政府会对土地所有者支付相关费用以实现保护目标。

在私有治理模式的实践中，越来越多的具备生态保护专业技术和基层社区沟通经验的非政府组织承担起自然保护地治理责任，通过购买、协议、保护地役权和土地信托等方式拥有土地权属或资源权属，从而承担起自然保护地的治理角色。例如，位于美国的大自然保护协会拥有超过 1300 个自然保护地，面积约 5000 平方千米，构建了世界上最大的私有自然保护地体系；位于英国的国家信托基金会作为独立的慈善机构拥有接近 2500 平方千米的保护地和接近 1143 千米的海岸线，是仅次于英国林业委员会的最大土地所有者。我国桃花源生态保护基金会一直致力于私有治理的实践，四川老河沟保护区就是桃花源生态保护基金会建立和治理的自然保护地。老河沟保护区位于四川省绵阳市平武县东部，2012 年以前老河沟并没有纳入我国自然保护地名单，仅有隶属林业系统的国有林场在区域内开展基本的巡山、防火和防偷猎工作。然而，老河沟是大熊猫等保护物种的重要栖息与迁徙区域，社区居民的林下采集和偷猎行为对本区域及毗邻保护区的生态保护工作造成一定的负面影响。基于此，2012 年，桃花源生态保护基金会与地方政府就老河沟作为公益保护地试点项目签署了协议，对林地、林木所有权、管理权和使用权进行分离，在不改变所有权、林地用途和公益属性的基础上，基金会拥有了管理权与使用权，并承担具体的生态保护与森林管护责任（韦贵红，2018；杨月等，2019）。

私有治理模式是社会力量作为治理主体承担自然保护地治理责任的实践。不同于共同治理中的社会力量参与，该模式的社会力量作为治理主体，作出决策并承担人力、物力和财力的投入责任。虽然国际上保护私有土地主要是土地所有者的自愿行为，但激励机制仍是该模式的重要特点，税收减免和契约保证等物质激励、社会责任感和"绿色认可"等名誉激励以及组织使命是主要激励来源。相对其他模式而言，私有治理模式的治理效率会更高，但其面临的成本考虑和投入可持续性问题会影响长期治理效果，当然也存在私有治理主体为追求短期利益影响保护地长远利益的风险，其都会对自然保护地的生态保护工作造成不利影响。

四、社区治理模式

社区治理模式是"自然保护地的治理职责和责任通过惯例和法律、正式或非正式的机构归属于社区居民或当地社区"的治理模式，所治理的自然保护地被 IUCN 称为"原住民和社区保护地"。社区治理模式与私有治理模式的相同点在于都是由非政府主体主导，具有自组织、自发性和主动性的特征。然而，社区治理模式的治理主体更贴近于区域本土居民，因此在尊重传统习俗和文化、传统经验利用方面具有其他模式所不可比拟的优势。一般而言，社区治理模式下的自然保护地生态系统与当地社区文化传统、社区生计有较为紧密的关联，因此，以社区为基础的决策与治理将有助于社区生态环境与传统文化在较低的执行成本下得到有效的保护。此外，社区治理模式的主体拥有正式或非正式制度所授予的权威性，具备保护范围内有效的决策能力，可保障决策权的实施。

社区治理模式的优点在于可有效利用"本土知识"和"本土力量"促进自然资源的可持续利用和保护，平衡生态保护与社区生计，以较低的决策、执行和监督成本达到"双赢"。然而，社区治理模式面临着本土知识破坏、文化传承断裂和内部治理机制丧失等自身治理能力不足的内部问题，以及气候变化、土地侵占、资源开发和信息技术发展带来的外部威胁，除社区需要加强凝聚力及代际间的传承外，还需要政府、非政府组织和国际社会等通过不同渠道给予法律认可、资金支持和科学指导。虽然社区治理模式包含原住民和当地社区两种子类型，但"原住民"和"当地社区"的定义十分复杂并不断发展，界限并不明显。

澳大利亚的"土著保护地"被认为是 IUCN 划分的"原住民和社区保护地"，被纳入国家保护地体系，但并不由政府管理，主要采用社区治理模式。"土著保护地"是由原住民自愿成立且自主规划管理的自然保护地区域，政府仅通过合作项目为其提供资金及其他方面的能力建设支持，帮助社区更有效地治理该类保护地。澳大利亚土著保护地的面积为 36.5 平方千米，约占陆地保护区面积的 34% （刘怡，2017）。

五、治理模式的分析与启示

（一）典型治理模式的比较分析

1. 概念特征的比较

自然保护地情况千差万别，治理模式的选择要综合考虑所在区域的生态、政治、经济和社会等多种条件，因地制宜地选择与区域社会—生态系统相适应的治理模式才能够将模式优势转化为治理效能。本节通过分析典型模式的优势和挑战，归纳出 4 种治理模式的固有特征和适用范围（见表 3 - 2），为我国国家公园治理模式的选择提供参考依据。

表 3 - 2　自然保护地典型治理模式的比较分析

治理模式	优势	挑战
政府治理	1. 有传统政府权威作为基础，有清晰的纪律性；2. 人力、资金等投入具有稳定性；3. 执行"抢救式保护"，见效快	1. 资金压力集中化易造成财政压力；2. 制度、执行和机构冗余所造成的行政成本不易控制；3. 单一权威来源易造成"寻租"；4. 自上而下的命令管制易引发社区冲突；5. 固化的体制制度难以快速响应现实需求

治理模式	优势	挑战
共同治理	1. 权力向度多元，更加符合治理理论定义；2. 分散治理成本与压力；3. 平衡各方利益，体现公平性，有助于实现多重目标；4. 决策体现民主透明，减少信息不对等和政策不畅通等造成的冲突和"一元治理"失灵现象	1. 协调成本高，决策耗时、耗力；2. 对利益相关方参与意愿和治理能力有一定要求；3. 利益相关者的选择和实践需要经验积累；4. 结果不可控，难以保证生态保护目标的优先性
私有治理	1. 可有效控制成本，提高效率；2. 能更好地发挥企业或者非政府组织等的专业优势；3. 治理主体更善于向社会公众宣传自然保护地，且有丰富的社区协调经验	1. 资金、人力等投入具有不稳定性；2. 可能存在因短期经济利益而威胁保护目标的投机行为；3. 需要完善的外部监督机制来保证生态保护效果
社区治理	1. 尊重当地社区人权，有效缓解社区冲突；2. 高效利用传统知识和本地经验；3. 有助于实现社区生计和生态保护的平衡，保护成本内部化	1. 面临着传统知识断层、现代技术冲击和社区治理能力不足的挑战；2. 面临着因土著居民或当地社区短视所造成的资源过度利用的风险

　　政府治理模式的权责集中于政府，具备稳定的资金和人力投入基础，也具有超越其他模式的稳定性、纪律性和可靠性的组织优势，能够保证公共利益最大化。政府治理模式适用于以生态保护为主要目标、治理成本较高、在一定期限内有自然恢复和生态修复要求的自然保护地。同时，作为治理主体，政府需要具备强有力的资金支持、权威支持和制度保障。

　　共同治理模式的信息传递和互动效率优于其他模式，其协商共识的过程更符合治理的本质要求，有助于融合不同利益相关主体的长处，可以将政府主体的行政权威和组织能力，市场主体的灵活运营能力，社区居民的本土经验，非政府组织的国际信息交流和基层实践能力等集中为治理合力。此外，共同治理模式在决策过程中的吸纳和协商程序有助于提高决策的公平性、民主性和透明度，降低"一元治理"的治理失灵风险。但是，共同治理模式可能会因为决策共识的凝聚困难导致其面临多目标无法"归一"的风险，不仅增加了决策成本，还降低了决策结果的可控性，容易对生态保护的优先地位产生威胁。共同治理模式不仅需要各利益相关方有较强的参与意愿和治理能力，还要通过协议和其他形式来明确各方权责和义务，并需要特定的协商机制和行动者能在胶着时期打破博弈僵局、把控整体方向。

私有治理模式和社区治理模式的权责集中于治理主体，信息传递互动性较差，适用于土地权属和资源权属均非国有的情形，治理成本相对较低，且能被生态效益覆盖。这两种模式可以有效发挥治理主体在运营、宣教或者传统经验方面的优势，但也存在因治理主体短视而造成的自然资源过度利用的风险，需要完善的监督机制予以辅助。

2. 应用实践的比较

从世界范围来看，自然保护地治理模式形成了以政府治理为主、其他治理模式为辅的多种治理模式并存的格局。据 IUCN 数据库统计，采用政府治理模式的自然保护地占全部自然保护地总个数的 80.28%，采用私有治理模式、共同治理模式和社区治理模式的自然保护地分别占全部自然保护地总个数的 5.61%、3.24% 和 2.62%（见表 3-3）。结合子类型统计结果和 IUCN 基于管理目标对自然保护地分类的对应结果来看（见图 3-1），中央政府治理模式是全球自然保护地采用的主流治理模式，地方政府治理模式次之。与此同时，中央政府治理模式更偏好应用于 Ia "严格的自然保护地"、Ib "荒野保护地"、Ⅳ "栖息地/物种管理区" 等以严格保护为主，暂不进行或暂不适宜发展的自然保护地；地方政府治理模式更偏好应用于 Ib "国家公园"、Ⅲ "自然历史遗迹或地貌"、V "陆地/海洋保护景观"、Ⅵ "自然资源可持续利用保护地" 等保护严格程度略低且蕴含了人文价值的自然保护地（解钰茜等，2019）。

表 3-3　自然保护地典型治理模式的实践统计

治理类型	子类型	对应保护地数量占比/%
政府治理	中央政府治理（联邦政府或国家部门/机构负责）	59.31
	地方政府/部门机构治理（地方政府部门/机构负责）	20.84
	政府委托治理（政府授权管理）	0.13
共同治理	合作治理	2.05
	联合治理	1.19
	跨边界治理	0

续表

治理类型	子类型	对应保护地数量占比/%
私有治理	私人治理	2.39
	非营利组织治理	3.20
	营利机构治理	0.02
社区治理	社区居民/当地社区治理	2.62

资料来源：《基于社会网络分析的全球自然保护地治理模式研究》（解钰茜等，2019）。

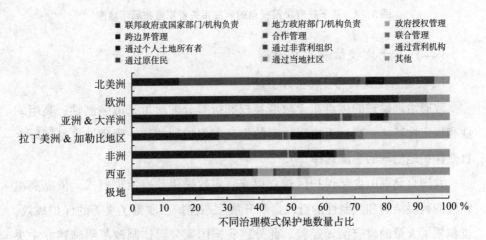

图 3 - 1　典型治理模式在不同自然保护地的应用占比

资料来源：《基于社会网络分析的全球自然保护地治理模式研究》（解钰茜等，2019）。

3. 治理模式的形式多样性与界限模糊性

为明晰不同治理模式的特征，本书分析的是理论意义上具有明显界限和差异的典型治理模式，其仅仅是 IUCN 提出的一种概念框架，目的在于提高对自然保护地治理体系的理解程度。因此，上述 4 种治理模式不仅不能概括所有治理实践，也不适宜在实际治理过程中完全套用和固化照搬。实质上，自然保护地治理模式是一个光谱式的连续过程，其界限具有一定的模糊性，如图3－2 所示。

现实实践表明，自然保护地治理模式没有固定模板，存在因地制宜而形成的多样性特征。不同国家或同一个国家的相同保护地类型可能会选择不同的治理模式，同一个保护地也可能会采取复合治理模式。例如，某个国家公

69

园的主要治理模式是政府治理模式，但其中特定区域或功能分区会采取共同治理模式或社区治理模式（沈兴兴、曾贤刚，2015）。

政府治理		共同治理		私有治理 社区治理
政府自行决策	政府决策咨询或征求 其他相关方意见	协商特定协议	平等联合决策	政府认可/转移决策权

图 3 - 2　基于政府决策视角的利益相关者权威布局示意图

（二）基于比较结果的启示

1. 政府治理模式是当前实践主流

政府治理模式的优点在于政府集权和统筹分配所带来的强制性、高组织性和稳定性特征，有利于执行效率的提高和保护地的统一管理，也是国际上自然保护地治理的主流选择。

我国自鼎湖山自然保护区建立以来，多数采用政府治理模式，依靠高组织性的科层结构和强制性的行政命令开展生态保护，取得了显著的保护成效，也积累了大量的政府治理经验。此外，我国国家公园体制改革明确建立中央政府为主、多方参与的治理格局，这不仅符合国家公园的公共物品属性和国家代表性、全民公益性特征，在一定程度上也可解释为中国自然保护地制度的路径依赖。因此，在生态产品供给高需求和生态保护优先的目标指引下，我国国家公园在今后很长一段时间内仍会偏好政府治理模式。但在治理理论和新公共管理理论不断发展的现代社会，我国国家公园所采用的政府治理模式将不同于传统管制，会在创新中通过吸纳、参与、协商和合作等多种方式向更加包容、公平、负责和有效的善治方向发展。

2. 共同治理模式是发展趋势

共同治理模式是依靠协商合作构建治理共识的一种模式，其不仅有利于利益相关者的诉求表达，还能通过主体偏好的真实显示来设计利益协调机制，渐进达成持续性的生态保护集体行动，更加符合全球治理委员会对治理是"协商过程"的定义。

从理论角度来看，伴随着政府治理模式的局限凸显、市场和社会力量主动保护意愿的增强，政府开始关注生态保护领域的权力让渡，不仅吸纳其他主体参与自然保护工作，还探索将决策权下放或转移给当地社区、非政府组织、私人或企业。虽然政府治理模式有逐步向共同治理模式、私有治理模式或社区治理模式演化的趋势，但私有治理和社区治理对治理主体能力、资源单一权属和内外约束机制等要求较高，不适宜面积广袤、权属复杂和利益相关者众多的自然保护地，因而共同治理模式成为重要的补给模式和发展趋势。值得注意的是，共同治理模式并不反对或杜绝政府参与，而是将政府作为核心利益相关者纳入治理行动，以正常发挥政府制度供给、经验分享和监督约束的积极作用。从实践角度来看，很多发达国家已经成功实践了共同治理模式，例如，前文提及的法国在国家公园改革中就应用了共同治理的联合治理子类型，建立了"董事会＋管委会＋咨询会"的多元共治结构来保障协商过程，通过宪章稳固治理共识，组成兼顾各方权益的国家公园"生态共同体"。因此，从理论发展和国际实践视角来看，共同治理模式能够缓解政府一元治理的弊端，有助于实现保护地生态保护与区域发展的"双赢"，已逐步成为自然保护地治理的重要趋势和政府治理模式的重要补充。

3. 国家公园治理模式需要因地制宜的探索和创新

如前文所述，我国国家公园治理的主体需求是探索平衡生态保护和区域发展的本土模式，构建可持续运转的社会—生态系统。不同于过去自然保护地中的任一类型，国家公园具备生态重要、国家代表、生态优先和兼顾发展的特征，要求在生态保护优先的目标下寻找适宜的区域发展路径。因此，国家公园不能生搬硬套概念框架和过往经验，需要依据不同的治理目标和主体需求，因地制宜地探索创新，寻找政府、市场和社会的权力界限和合理让渡。虽然大范围、高规格、复杂权属和跨行政区域等要素要求当前的国家公园以中央政府治理模式为主，但我国地大物博，区域自然、政治、经济和社会情境等存在显著差异，治理模式的构建和选取都应避免采用单一方式。此外，随着利益主体对国家公园认知的深入和公众生态素养的提升，国家公园治理模式有必要根据现实需求动态调整。

综上所述，我国国家公园治理模式有必要继承自然保护区积累的经验，以政府治理模式为主。但基于国家公园的治理逻辑，我国国家公园应该吸纳市场和社会力量，探索和创新更为适宜的政府治理模式，并依据时间和空间所造成的区域差异在"政府治理模式"和"共同治理模式"中进行动态调整，以便在国家公园单元层面选择更符合区域自然本底条件和社会情境的治理模式。

第二节　我国国家公园治理模式及运作机制

基于自然保护地典型治理模式的比较分析，笔者认为我国国家公园应在不同时空条件下选择"政府治理模式"或"共同治理模式"。首先，本节归纳了我国国家公园治理模式构建的 4 个重要原则：主体多元原则、公平性原则、协调性原则和动态调适原则。其次，在典型治理模式的核心概念基础上创新改进，分别构建了"政府主导下利益主体参与治理模式"和"多利益主体联合治理模式"。最后，从治理结构和互动关系两方面对两种治理模式的运作机制进行了阐述。

一、我国国家公园治理模式的构建原则

（一）主体多元原则

多中心理论和治理范式都强调在公共问题解决、公共服务供给和公共产品生产过程中"政府并非唯一权力中心"的理念，要求将权责合理让渡于市场和社会。主体多元是治理范式与多中心理论的本质要求，也是国家公园治理的题中之义，即政府、市场与社会主体在权力合法情况下均可成为公共物品生产、公共事务处理和公共服务提供的供给主体。国家公园治理语境下，主体多元是指国家公园的决策、执行与监督过程的主体多样化（尤其是决策环节），期望通过多元主体间的竞争、沟通、协调和合作来保障决策的科学性与公平性、执行实效性和监督可行性，这是顺应国家治理体系和治理能力现代化建设趋势的要求，也是我国国家公园从硬性管制迈向柔性治理的关键。为进一步分析主体功能，本书基于国家公园的生态保护、科研、游憩和教育功能，对国

家公园治理语境下的政府、市场和社会主体进行了细分和定位（见图3－3）。

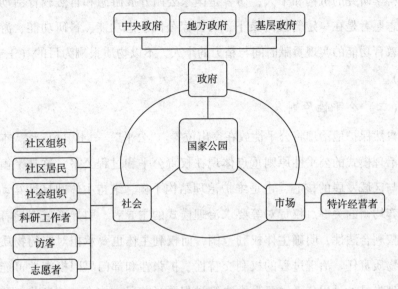

图3－3 国家公园治理的多元主体

政府主体按照中国政治体制划分为中央政府、地方政府和基层政府，并结合国家公园治理语境进一步分类表述为中央层级国家公园管理机构，省级国家公园管理机构、省级地方政府，基层国家公园管理机构、基层政府。市场领域利益主体是国家公园范围内的商业服务者，以特许经营者为主。特许经营（Concession）要求以生态保护为前提条件，以提升社会公众体验满意度为目的，由政府机构经过固定程序选取受许人，并授权其在国家公园范围内开展规定的非资源消耗性经营服务活动。特许经营活动需要在政府管控下进行，其经营范围、经营期限和经营数量都有一定规制，受许人需要向政府缴纳特许经营费（张海霞、吴俊，2019）。社会领域的利益主体包括社区组织、社区居民、社会组织、科研工作者、访客和志愿者等。社区组织是位于国家公园的村民自治委员会或基于某项特定用途的基层群众性自治组织；社区居民是指在国家公园创建时，其祖辈一直定居并生活在国家公园划定区域内的居民（薛云丽，2020），故又称原住民；社会组织是围绕国家公园生态保护目标，基于组织使命参与国家公园治理的组织，是我国话语体系中对相关非政府组织的表述；科研工作者是从事国家公园自然生态环境与经济、社会、文化、科学研究的机构和个人；访客是国家公园开展游憩和自然教育活动的受众；志愿者是在一定管理约束下，为国家公园生态功能、科研功能、游憩功能和教育功能的实现贡献时间与精力的个人，不以物质报酬为目的（王辉等，2016）。

（二）公平性原则

自然保护地治理将公平性放在突出位置。"公平"一词内涵广泛。本书构建的治理模式的公平性原则重点体现在权责公平和过程公平，这是平衡生态保护与区域发展的核心，也是维护治理结构平衡、维持主体间良性互动、达成博弈均衡的关键。权责对等要求治理模式的主导者、引导者或倡导者赋予主体权利合法性，明确主体权利范围，而权利主体也要承担对应的物质责任与非物质责任。治理过程的权利交替性、扩张性和部门界限模糊性可能会导致治理失灵，过程公平主要是指决策过程要涵盖民主协商、信息共享和有效响应等要素。民主协商要求决策过程中要平等、包容地吸纳多元主体的声音和意见，协调多元主体的利益分歧，从而构建治理共识；信息共享是指决策信息的公开透明性和主体间信息交流的畅通性，旨在维持治理结构和关系依赖的稳健性；有效响应是信息共享的正循环环节，要求及时、有效地响应与国家公园相关的质疑、意见和建议。

（三）协调性原则

协调性原则要求通过国家公园利益主体的有效协调来保障治理结构的方向一致性，特别强调地方政府与旅游、林业、农业、水利等相关职能管理部门间的有效联络（Lockwood，2010）。孤岛式和被动式管理不适宜我国国家公园的治理策略及行动选择，我国国家公园治理需要与区域其他治理目标相协调，如生态扶贫、乡村振兴和绿色经济等规划政策。基于此，协调性原则要求通过主体间的关系互动和有效联结来保障主体共识，促进激励相容，使治理决策充分考虑国家公园属地的本底条件和个性要素，避免"一刀切"造成的水土不服和利益冲突问题。

（四）动态调适原则

动态调适原则是指国家公园治理模式要在典型治理模式的基础上结合国家公园区域的自然条件与社会经济情景进行动态调整，使之符合我国国情和区域实况，尤其是国家公园体制改革的初衷与进展。虽然国家公园运动延续已久，且积累了丰富的国际经验与成果，但我国国家公园的治理需求、国内不同区域的生态条件和不同区域多元主体的文化、意愿、能力等主客观条件都存在差异，需要在共性基础上依据个性差异进行调节，实现治理模式与治理客体条件、治理主体能力的对应匹配。此外，上述所列的变量都随时间发生动态变化。因此，治理模式的构建要结合国际经验、国内进展和区域变量来动态调适，不断地提高资源、知识和信息增量与国家公园复杂性、动态性和多样性的契合程度，从而最大限度地发挥治理效能。

二、政府主导下利益主体参与治理模式

政府主导下利益主体参与治理模式（以下简称政府主导治理模式）是对政府治理模式的继承与创新，也是在路径依赖和现实研判下，基于我国自然保护地的历史基础和国家公园体制试点的改革经验而构建的一种治理模式。该治理模式的思路是在中央政府主导下，通过治理主体和参与主体的竞争、沟通、协调和合作来解决国家公园保护与发展的冲突，激励和调动利益主体参与国家公园生态保护的集体行动。

（一）治理模式内涵

1. 构建思路

政府主导治理模式将多元主体划分为治理主体和参与主体，治理主体是以中央政府为主的行政体系，参与主体是市场和社会利益主体。政府在主导治理过程中充分关注参与主体的利益需求，调动参与主体的积极性，在决策、执行和监督环节尊重和吸纳参与主体意见。在治理主体内部，中央政府在国家公园重大决策中处于主导地位，具备统筹全局的能力，掌握国家公园准入、建设、运行管理和监督评估等环节决策权；地方政府及相关行政部门在中央

政府的统筹协调下组织活动，基层政府根据上级指示执行相关政策与决定。

2. 可行基础

（1）治理客体的本质需求

国家公园是治理模式的作用客体，其功能实现、固有特征和公共事物属性所体现的需求都表明政府治理模式更加适宜。①从功能实现需求角度来说，国家公园是集生态保护、教育、科研和游憩功能于一身的多功能复合体，实现上述功能需要大量人力资本和物质资本的可持续性支持，其产出还将面临跨区域受益人的调度配置、非物质收益转换、贴现率和沉没成本等风险，复合功能实现的难度和投入产出的复杂性都决定了政府治理相对私有、社区治理更为适宜。②从固有特征需求角度来说，我国国家公园在自然保护地体系中处于主体地位，不同于自然保护区和自然公园，其生态重要程度和历史人文价值都体现着"国家代表性"，优质的生态环境和人民对美好生活的需求又要求国家公园在保护优先的前提下兼顾多层次发展，充分体现"全民公益性"。因此，具有"国家代表性"和"全民公益性"的国家公园理应能够代表国家权威，并由具备权威影响力的中央政府主导治理。③从公共事物属性需求角度来说，国家公园是典型的公共事物，大部分自然资源为国家所有；从产权所有人角度来说，中央政府主导治理也更符合法理要求和国际上土地所有人开展治理的实践经验。然而，国家公园包含大量的公共物品、公共池塘物品、俱乐部物品及少量的私人物品，产权结构更加复杂，因此，纯粹的"利维坦"模式，即政府一元治理存在极大的治理失灵风险，还可能引发以社区冲突为代表的利益冲突，继而陷入生态保护与区域发展失衡的困局。因此，国家公园在实行中央政府主导治理的同时，还需要借鉴共同治理中的协商共识特征，不仅要调动地方政府的积极性，还要激励社会和市场主体参与。

（2）治理主体的能力供给和其他主体的能力补给

中央政府作为该治理模式的治理主体，具备治理国家公园的能力供给基础；快速发展的市场活力和处于上升期的公民社会都将成为该模式重要的能力补给。政府治理国家公园的能力供给基础包括制度优势和治理经验。制度优势指中国特色社会主义制度，是政府治理的准则和保障。目前，我国已经建立起社会主义基本制度，并在政治、经济、文化、社会和生态治理领域显示出强大的制度优势，简言之就是"集中力量办大事的优越性"，一方面体现在能够"用最严格制度、最严密法治保证国家公园的生态优先"，例如，对待祁连山自然保护区和秦岭自然保护区违法违建行为的不姑息与大力惩处；另一方面体现在财政资金的可持续支持上，即治理主体有一定的财力基础，可以将国家财政资金集中用于这类有助于国家发展、社会进步的公共事业和重要事项中。可以说，中央政府在发挥制度优势、统筹资源配置和协同多方利益等方面的主导作用更易转化为治理效能。治理经验是指"以自然保护区为主体的自然保护地"在发展演进中，政府始终扮演治理主体角色并积累了大量的治理经验，包括以资源和资源分类开展的"抢救式保护"和"割裂式保护"取得的成效，以及该保护模式下生态保护与区域发展失衡的教训。与此同时，我国正在推进的国家公园体制试点亦是在主动刻画以中央政府为主导、多方参与治理的模式实践。

（二）治理运作机制

政府主导治理模式是基于科层制内核构建的权力配置结构，由中央政府主导规则建立、统筹资源配置，地方与基层政府分级执行。市场和社会作为参与主体，通过信息告知、意见征询和实质参与等形式参与国家公园的治理过程。在该模式下，政府、市场与社会并不是完全平等的合作关系，而是中央政府主导下的机制整合与制度架构（张文松、林洁，2019）。目的在于借助中央政府的权威影响力最大限度地发挥制度优势和治理效能，避免因过度追求主体地位平等、缺少领导者角色而导致的秩序混乱及治理失败。

1. 结构塑造

我国已经初步确立了统一事权、分级管理的国家公园体制，均归口于自然资源部下属的国家公园管理局（国家林业和草原局）。针对国家公园单元，设立了省级和基层两级国家公园管理机构来行使管理行政权，形成了三级垂直管理的组织形式。基于此，本书将奥斯特罗姆设计的多层次分析框架、理查德·马格鲁姆（Richard D. Margerum）设计的环境管理协同类型的层次分类（Margerum, 2008）与国家公园治理主体的科层制结构对应，将不同层次的决策权分别赋予中央政府、地方政府和基层政府，并结合不同层级政府的职责特征将 3 个层级分别命名为战略决策层、组织实施层和操作行动层，如图 3 – 4 所示。

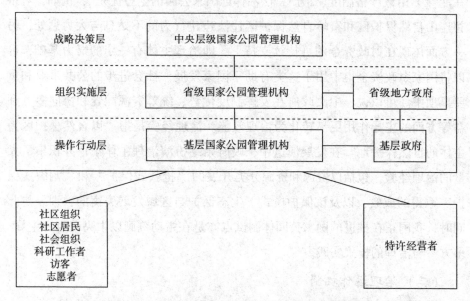

图 3 – 4 政府主导下利益主体参与治理模式的静态结构

（1）治理主体

中央政府是国家公园战略决策层的治理主体，也是整个治理模式的主导方，掌握战略规划层面的决策权，是国家公园治理制度供给者、运作资金提供者、重要利益协调者和重大事项裁决者。中央层级国家公园管理机构作为组织实体，代表国家、代表中央政府行使国家公园的自然资源所有权和国土空间用途管制权。围绕"生态保护第一，兼顾区域发展"的特征要求，负有治理所需的政策制度供给、公共资源投入、领导规划与统筹协调的主体责任，如国家公园的准入设立、规划建设、顶层政策设计、生态保护资金投入、生态补偿协调和特许经营等工作。此外，为了调动地方政府、基层政府等政府主体以及市场、社会参与主体的参与积极性，中央政府还需要设计和推广相应的激励和约束规则，保障多元主体有秩序地参与到国家公园生态保护的集体行动中。

组织实施层的治理主体主要包括省级国家公园管理机构和省级地方政府。

省级国家公园管理机构是中央意志的执行者、府际关系协调者和实践问题反馈者，通过完成制定国家公园单元规划、落实配置资源、联络省级政府及相关机构（如省林业机构、省生态环境机构）和管理基层国家公园管理机构等工作任务，组织和协调多元主体共同执行中央决定。为保证国家公园生态系统的完整性和原真性，国家公园设立以生态系统为单元，对于跨行政区域的国家公园，省级国家公园管理机构还需要协调多个省级地方政府，以减少行政壁垒造成的管理碎片化等问题。省级地方政府具有对区域宏观掌控和行政权威的独有优势资源，是国家公园平稳运行的综合协调者和推动者。地方政府可通过国家公园生态保护的红利溢出实现区域发展目标，并享有生态收益及其带来的经济社会收益，与此同时，负有地方生态政策制定、公共服务供给、地方社会管理、市场监管和配套资金投入等职责。

操作行动层的治理主体包括基层国家公园管理机构和基层政府（县、乡、镇人民政府）。基层国家公园管理机构是中央宏观意志与省级组织行动的最终落实者，确保园区生态保护、自然教育与科研功能的实现，如日常巡护、生态监测、自然宣教、社区宣传和配合性的科学研究等。基层政府更多地负责国家公园周边的协调性工作，如联合巡防、矛盾调解以及国家公园公共服务、市场监管和游憩协调等具体事务。基层国家公园管理机构在日常工作中直接接触生态保护与区域发展失衡所显现的社区冲突，需要与基层政府及相关部门配合完成面向社区组织和社区居民的安抚、协调与宣教工作。

（2）参与主体

市场领域的参与主体是特许经营者，其是生态红利转化为经济收益的直接受益方，是必要商业服务的提供者，也是促进生态价值实现和全民公益性的中间转化者，其责任不仅体现在合法合规地开展经营活动，还要作为保护者对国家公园内的自然生态环境和传统文化进行保护，实现可持续经营。

社会领域的参与主体包括社区组织、社区居民、社会组织、科研工作者、访客和志愿者。社区组织是具有共同目标的自治团体，可以作为凝聚社区居民、对外沟通、协调社区内部及外部利益的力量。社区居民通过利益参与和决策参与国家公园治理，有助于将地方物质性资源和文化资源投入到国家公园治理工作中，减少生态保护带给周围居民的负外部性。社会组织所具备的资金能力，建设、宣传与协调经验可以作为参与治理的重要基础。同时，成熟且具有社会影响力的社会组织也是监督政府治理行为的合适主体（邹晨斌，2018）。科研工作者基于政府委托、科学兴趣等动机开展相关科研工作，是实现国家公园科研功能的主力。访客通过访问国家公园享有追求特定精神需求、美学需求和教育需求的权利，但也需要遵守国家公园的相关规定，负有保护生态环境、树立生态意识、宣传生态知识等有限责任。志愿者参与国家公园的日常运行，承担常规清洁、教育解说、秩序维护和技术支持等特定的志愿者项目责任。

2. 互动关系

由于政府主体是治理主体，社会主体和市场主体是参与主体，因此，整个治理模式的互动将围绕政府主体展开，包括府际关系、政企关系和政社关系3种类型。府际关系是政府主体的内部互动，相关分析将借鉴中国政府间关系的"条块"理论。政社关系和政企关系是政府与市场、社会主体的跨部门互动，偏向于嵌入型治理关注的公众参与（联合国经济和社会事务部，2019），相关分析将借鉴谢莉·阿恩斯坦（Sherry Arnstein）的"公众参与阶梯模型"（Arnstein，1969），如图3-5所示。

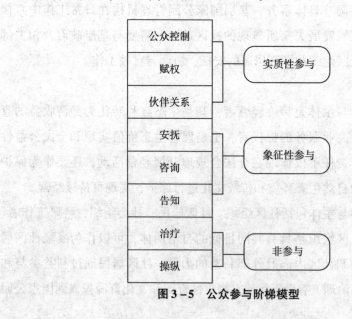

图3-5 公众参与阶梯模型

政府主导治理模式以政府主体为核心，在战略决策、组织实施和操作行动 3 个层级分别由中央政府、地方政府和基层政府引导构建横向互动平台，让社会和市场主体参与国家公园治理工作，完成政府、社会和市场的跨部门交流与协作，从而形成三层架构和主体连接的治理网络，实现国家公园治理目标的层层分解与落实，如图 3-6 所示。

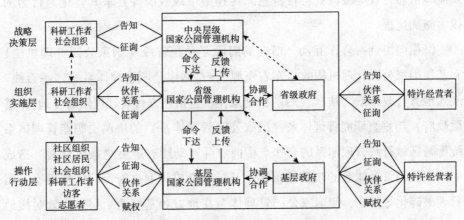

图 3-6　政府主导下利益主体参与治理模式的运作机制

（1）府际互动

府际互动是政府范畴内的科层制结构互动，国家公园治理中的"政府"内涵丰富，政府主导治理模式下的府际互动不仅包含国家公园管理机构的纵向线条，还涵盖线条嵌入各层级政府后形成的横向府际网络。本书以"条块"关系（马力宏，1998；谢庆奎，2000）为线索，从纵向和横向两个方面阐述该治理模式的纵向"条状"互动与横向"块状"互动。

①纵向命令—反馈互动。纵向的府际互动是垂直管理体系下三级政府"条状"机制运作，通常以"下达"和"上传"两条线进行。"下达"互动包含任务设定、资源配置和监督评估，即上级政府通过命令的方式向下级政府传递信息，先下达任务及指标，再根据任务类型、期限和紧急程度给下级配置资金、人力和物力等资源，并在不同任务节点通过监督、评估等方式验收任务完成情况。下级政府机构的"上传"行为一般是基于"下达"互动的执

行情况，通过问题反馈、需求征询和进度汇报等形式由下级向上级传递信息，可分为常规性汇报、风险转移、寻求协助等情况或其综合情况。"上传下达"主要是上级命令与下级反馈形成的互动，具有层层传递的特征，跨层级信息传递较少。由于纵向互动是基于行政层级的互动，两方掌握的权力、能力和资源都不对等，属于压迫性权力互动，"下达"更为显著，即上级政府通过正式流程依靠行政等级权威将自身意志传递给下级政府并要求其转化为行为的权力施加过程。

②横向协调—合作互动。横向的府际互动是省级（国家公园管理机构）和基层国家公园管理机构的"左右逢源"，是国家公园管理体系的"垂直线"嵌入地方行政体系"块状"后的机制运作，包括地方行政管理体系（地方/基层政府）与垂直职能管理体系（国家公园管理体系）的协调，职能管理体系统筹跨区域行政管理体系的合作。横向府际互动能够避免"条块分割"造成的国家公园管理体系的政策难落实、基层社会难沟通、跨行政区域国家公园管理破碎化等问题，使国家公园管理体系在地方和基层两个层级高效对接地方行政管理体系，合理划分职责，并以职能体系决策为主，共同推进组织实施层和操作行动层的治理行动。

在组织实施层，省级国家公园管理机构是中央政府在国家公园治理体系的委托代理人，需要承担传达中央意志、因地制宜具化任务的职责，在此过程中需要与省级地方政府，尤其是省林业和草原局等业务部门协调，发挥地方政府的能动性，通过"块块"内部力量减少政策落地阻碍，争取配套资源（如配套财政资金和门户联动宣传）。当国家公园存在跨省级行政区域情况时，省级国家公园管理机构需要统筹省级任务与资源，如统一规划、宣传标识、补偿标准等，减少行政区域壁垒造成的管理破碎化问题。在操作行动层，基层国家公园管理机构面临与省级同样的互动，需要进一步传达意志、执行任务、协调基层政府；基层国家公园作为执行机构，会与基层政府产生更多样化的互动协调行为，如生态搬迁、野生动物肇事补偿和特许经营等具体工作。

府际互动中的横向互动是省级/基层国家公园管理机构这一"垂直线条"

嵌入地方政府独立"块块"的协调互动，是生态保护与区域发展这一对关系在组织和操作层面能否共生的关键。这不仅需要省级/基层国家公园管理机构"左右逢源"地传达意志、分配资源、协调行动和推进互动，还需要地方行政管理体系发挥主观能动性与属地行政权配合互动。这有赖于"条条"的调动协调能力与"块块"的主观价值认同及可获取的政治激励。

（2）政企互动

企业作为市场领域的利益主体，享有参与治理的权利。政企互动的本质是政府与企业围绕特许权展开的合作互动。根据特许经营的定义与内涵，国家公园政企互动要求企业在国家公园生态保护前提下，为访客及社会公众提供必要的服务，从而提升体验质量，这也是游憩功能和教育功能的内在要求。此外，特许企业和受许企业需要缴纳特许经营费，这在一定程度上降低了国家公园的运营成本，同时也强调了资源的有偿利用，可借此促进公园周边社区及地区的经济发展。

政府主导治理模式下的政企互动是在政府主导下，企业通过被信息告知、意见征询等象征途径和公私合作伙伴关系（Public – Private Partnership，PPP）等实质途径，参与国家公园在组织实施层与操作行动层的治理工作，通过与省级国家公园管理机构、基层国家公园管理机构协商，将需求与期望等信息流由"条条"层层反馈来影响中央政府的决策，但能否传输至中央层级这一治理主导方以及是否会被采纳则依赖于政企互动、府际互动畅通度和中央层级意志。特许经营者的费率由中央层级国家公园管理机构确立，费用实行收、支两条线，上交中央后由其统一配置。中央层级国家公园管理机构和省级国家公园管理机构根据特许经营项目属性实施分级、分类两种管理模式。例如，国家公园管理机构根据特许经营者的规模、类型及期限分级管理，长期限、大规模的特许经营者将由省级国家公园管理局以竞争性流程选择，由中央层级国家公园管理局签订合同进行特许授权，并履行监督职责；短期、小规模的特许经营者由基层国家公园管理局以竞争性流程选择，由省级国家公园管理局签订合同进行特许授权，并履行监督职责。此外，国家公园特许经营者还会因工商、税务、卫生等常规性经营事宜与地方政府职能部门进行常规的政企互动。

（3）政社互动

政社互动包括狭义和广义两重概念，其区别主要在于对"社"和"互动"的定义，狭义的政社互动是指政府与社会组织的合作，广义的政社互动是指政府与社会公众、社会组织等社会主体在更广泛的层面开展互动，包含但不限于合作互动（龚廷泰、常文华，2015）。本书采纳广义的政社互动，即国家公园政府主体与社会主体的多类型互动。如图3-6所示，政社互动在战略决策层表现为科研工作者和社会组织通过"告知"和"征询"等方式参与治理。在组织实施层，社会组织增加了项目合作（伙伴关系）的互动方式来参与省级国家公园的治理决策，进一步进入实质性参与阶段。在操作行动层，基层国家公园管理机构作为核心，会同地方政府联结社区组织、社区居民、社会组织、科研工作者、访客和志愿者，实现象征性与实质性等多样化的政社互动，例如，社区组织、社区居民和社会组织通过社区共管的形式成立共管委员会，以"告知""征询""伙伴关系"和"赋权"等多元互动方式参与国家公园执行层面的治理决策。从政社互动的主体人数、类型和程度都可以看出，政府主导治理模式的治理重心下沉于社会网络更加多元和健全的基层，在操作行动层的关系交互更加复杂，通过吸纳式治理为国家公园的集体行动增加动力。由于政社互动是不同政府在相应层级构建横向互动平台，因此，处于操作行动层的社区居民、社区组织和访客等主体难以直接与组织实施层、战略决策层的治理主体产生互动，但其需求和意见可以间接通过科研工作者和社会组织等政府外部信息链条与政府内部的"上传下达"链条层层上传，从而实现跨层级、立体式的政社互动。

三、多利益主体联合治理模式

多利益主体联合治理模式是共同治理模式的一种。多个利益主体间共同享有决策权，以科学决策、公正决策为目的。多利益主体通过多元共治机构这一平台进行沟通、交流、博弈、协商并达成集体行动规则，通过兼顾各方权益来保障决策的顺利实施。多利益主体联合治理模式类似于法国国家公园改革后的多元共治模式，通过地方分权提高地方政府的积极性、参与度和贡献率，并在权力下放中赋权于社会和市场主体，满足社会和市场在决策中的需求表达。

（一）治理模式内涵

1. 构建思路

多利益主体联合治理模式是针对国家公园不同功能分区构建的多层次自然保护地治理模式。在核心区由中央政府掌握决策权，在其他功能区采用联合治理模式。由于核心区禁止人类活动，实现单一生态保护功能，该模式主要针对非核心区的决策权归属与治理结构进行分析。多利益主体联合治理模式是典型的网络治理模式，由中央层级国家公园管理机构、多元共治机构和科学委员会组成，实行基于功能分区的决策权分离机制。核心区的治理决策权在中央政府，非核心区（如生态保育区、传统利用区、科教游憩区等）的决策权在多元共治机构。由多方利益主体代表团组成的多元共治机构，负责非核心区的规则制定、执行与监督、利益协调和冲突调解。各代表团在共治机构中地位平等，共同商议治理决策。在非核心区决策中，中央层级的国家公园管理机构扮演元治理角色，负责制定初始规则、审批董事会上报的重要决策、裁决重大纠纷等。自然科学和人文社科专家组成的科学委员会负责为共治机构及中央政府提供智库咨询和科学支持等工作。多利益主体联合治理模式通过共同决策、共同执行、共同监督的社会学习过程形成多元主体的集体行动逻辑，从而构建资源共享、彼此依赖、互惠合作的自治结构，即规则制定—实施执行—评估反馈等每个环节均是集体行动的过程，实施执行是治理结构的自组织行为，评估反馈治理结构的自适应过程。

2. 可行基础

（1）国际国家公园治理实践的经验借鉴

法国的国家公园、大区公园与西班牙的大区公园均采用了类似多利益主体联合治理模式，构建包含管理委员会、政府派出机构、社区等成员的共治机构。中央政府将决策权等下放到地方政府，有助于调动地方政府的积极性，提高社会参与度。由于决策中心和操作中心拥有信息交互渠道，决策中心可以针对国家公园存在的问题与挑战快速响应，实现适应性治理。法国国家公园改革后，通过"核心区 + 加盟区"的形式明确了核心区与加盟区的生态关联与利益共享基础，为统一治理目标与集体行动奠定了基础。从法国生态转型部于 2013 年委托环境与可持续发展委员会进行的改革成果来看，法国的国家公园改革平衡了多数利益相关方的诉求。以法国为代表的国家公园共治实践为构建多利益主体联合治理模式提供了可靠有效的经验借鉴。

（2）国家公园的复杂系统特征

我国国家公园是由多种类型要素、多目标和复合层级组成的复杂系统；在空间上融入了人与自然，在目标上承担了平衡生态保护与区域发展的责任，面临复杂权属确立与分离、多重功能实现和多类型矛盾解决等问题，因此不适宜照搬"荒野保护"与"孤岛保护"的路径，单一的治理力量也难以科学认知、公正决策与平衡执行，不充分的参与式治理也存在因形式参与而导致的执行壁垒。因此，将多利益主体纳入国家公园治理决策，通过协商决策来提高决策科学性与公正性、通过共同执行来保障主动保护力量的壮大、通过共同监督减少机会主义与"搭便车"行为，才能真正发挥"多元"效应，实现国家公园的科学保护、合理利用与可持续发展。

（3）多利益主体的多元动机

治理客体的复杂性意味着治理过程要面临多利益主体与利益冲突的协调。该治理模式通过决策权与相应责任的分散化来表征多元主体，通过在决策共商中协调矛盾、实现社会学习、统一保护理念。在公共利益最大化的基础上争取平衡各方利益，从而更好地集中生态保护力量。中央政府、地方政府、特许经营者、社区居民、社会组织等利益主体从个体利益出发存在构建联合共治的动机，成为多利益主体联合治理模式构建的主体基础。国家及中央政府的动机来源于"加强和创新社会治理水平"战略意图和减少或优化行政成本的实际目的。从党的十八届三中全会提出"社会治理"的新概念取代"社会管理创新"，到党的十九届五中全会强调"加强和创新社会治理水平，特别是基层治理水平"，说明中央政府有放权、还权于社会的需求。此外，该治理模式有助于调动多利益主体力量，通过分散中央政府的协调责任、统筹责任和配置责任降低或优化行政成本。地方政府的治理动机来自国家公园的生态红利对区域发展的正外部性、生态环境治理问责制度与绿色 GDP 纳入政绩考核等多重因素的激励（压力）。市场企业的治理动机主要来自利益驱动，期望合理利用国家公园站位布局与发展规划，从而有的放矢地在绿色经济、生态产业化推进过程中"分一杯羹"。社区居民的治理动机来源于生计需求、地缘依赖与文化认同。社区居民期望国家公园治理能够提高生计水平，开拓多元化生计途径以及形成可持续生计。此外，社区居民自祖辈扎根于国家公园，有一定的地缘依赖、传统文化或者宗教信仰，期望能通过参与共治保留"乡土人情"。社会组织（如环境保护社会组织）的治理动机来自组织使命，期望通过参与共治实现生态保护、公平、平等、减贫等多种公益性目标。

（二）治理运作机制

多利益主体联合治理模式是共同治理模式的一种类型，也是更契合治理理论定义的理想治理类型。该模式强调多主体的实质参与和共同决策，强调政府与社会、市场主体的相互依赖关系，不再坚持政府公共权力在国家公园治理过程中的专属性与排他性，这使得该模式中公共部门、私人部门和第三部门之间的界限存在模糊性（孙百亮，2010）。

1. 结构塑造

本书借鉴简·库伊曼（Jan Kooiman）对网络化治理的层级划分来塑造多利益主体联合治理模式的治理结构（田凯、黄金，2015）。网络化治理共分为 3 个层级，分别是根据规则进行操作执行的常规性管理层级，根据利益主体需求可以改变治理规则的层级，探寻本质原则、判断治理措施匹配性的元治理层。基于此，包含中央政府、多元共治机构、科学委员会等利益主体的多利益主体联合治理结构也被划分为 3 个层级，并依据层级特征分别命名为元治理层、多元共治层和操作行动层，如图 3-7 所示。值得注意的是，科学委员会是独立于模式外的社会主体，其互动范围跨越 3 个层级。

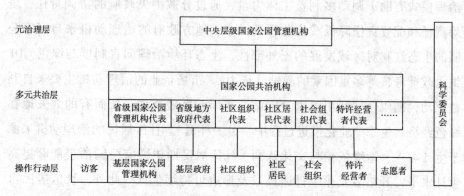

图 3－7　多利益主体联合治理模式的静态结构

（1）元治理者

中央层级国家公园管理机构代表中央政府发挥元治理作用。在关于非核心区的治理决策中，中央政府不直接参与治理或主导治理，而是扮演治理结构中的"长辈"角色。其功能定位主要包含初始制度规则供给（如立法法规和体制规格）、回应共治机构的需求、评估治理效果、重大事项裁决和实施问责，在多利益主体遭遇"无中心"秩序问题时，及时出面纠偏，并将其引入自组织轨道。

（2）共治机构

共治机构（如国家公园治理委员会）是针对某一国家公园成立的专业职能机构，是国家公园治理的主体力量和核心组织，其涵盖政府、社会和市场领域，成员包括省级国家公园管理机构代表、省级地方政府代表、特许经营者代表、社区组织代表、社区居民代表和社会组织代表等，权责界限突破了传统主体定位，存在一定的模糊性。上述代表在一定委托代理规则下由对应群体进行权力委托，在共治机构行使知情权、提案权、投票权和决策权。出于引导与协调需要，代表团需基于固定周期或触发条件选举机构主席、副主席和秘书长等机构常驻工作人员，负责机构日常运作、代表召集及其他事宜，拟定人选需由中央政府审批任命。

在日常运行过程中，省级国家公园管理机构基于权力层级管理操作行动层的各个管理分局或保护站点，执行中央政府关于核心区的制度规则以及共治机构相关决定，负责园区内生态巡护监测、科普教育与物种保护等具体工作。省级地方政府基于权力层级管理属地基层政府，执行共治机构的相关决定，负责非核心区的公共服务、行政执法和社会管理等工作。特许经营代表基于市场契约机制与供求关系影响力，负责协调关联特许经营者，执行共治机构的相关决定，提供必要的商业设施服务和运营生态产业等。社区组织代表和社区居民代表基于社会资本与社会网络影响力，执行共治机构相关决定，开展符合生态保护要求的生产生活活动，可依据与国家公园管理机构的共管协议参与定期的巡护、保护和宣传工作。社会组织基于工作经验与协调能力，筹集生态保护资金，宣传国家公园品牌，协调利益主体间冲突，等等。

（3）科学委员会

科学委员会是基于国家公园决策科学性而成立的科学研究与智库咨询组织，由不同背景的自然科学家与人文社会科学家组成，与元治理层、多元共治层和操作行动层的主体有联系，但独立于决策组织之外。科学委员会的功能主要是决策咨询和第三方评估，通过课题研究、决策审核、调研质询和第三方评估等形式为中央政府和多元共治机构提供科学建议。

2. 互动关系

多利益主体联合治理模式的互动关系包含以共治机构为中心的横纵交替互动，即相邻层级的纵向互动和同一层级的横向互动，以及3个层级围绕科学委员会的内外互动，如图3-8所示。元治理层与多元共治层的互动表现为"面"与"面"的互动，体现为中央层级国家公园管理机构和多元共治机构的纵向互动。除初始规则告知和监督问责是元治理层的主动行为外，选举结果—任命、资源需求—配置和决议结果—审批等人、财、事互动都是元治理层对多元共治层决策结果和必要需求的回应。从元治理层与多元共治层的纵向互动可以看出，中央层级国家公园管理机构在该治理模式中更类似于"服务者"角色。

（1）纵向互动

多元共治层与操作行动层的互动表现为"点"对"点"的互动，处于共治层的代表与其所代表的群体具有相似的目标以及可依赖的互动基础。省级

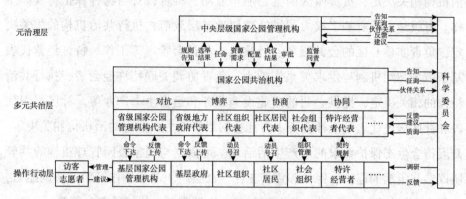

图 3 – 8　多利益主体联合治理模式的运作机制

政府是自身和基层政府的代表团体，代表属地利益，与前述府际互动一致，依赖行政命令的层级权威展开纵向"上传下达"的命令反馈式互动；省级国家公园管理机构是自身及国家公园管理分局/保护站点的代表团体，代表生态保护利益，方式同命令反馈式互动一致。社区组织代表、社区居民代表受相应组织与社区居民的委托，代表相应群体传统生产生活的利益，通过社会网络和社会资本的影响力展开动员号召式互动。社会组织代表一般是相关社会组织共商选择的具有领域威望或影响力的代表，展开基于组织规模或层级所进行的组织管理式互动，其具体的互动方式一般与社会组织内部结构相关联。特许经营者代表以国家公园能带来的盈利效益为出发点，其与特许经营群体的互动是基于市场契约的规制互动，例如，具有议价能力的大规模特许经营者作为代表，所代表的群体有其所雇用和管理或依附于其的小规模特许经营者。

（2）横向互动

本书假设多元共治机构的成员可完全代表操作行动层的群体利益，并能通过各自权威渠道传达决策，督促其执行决策。因此，操作行动层的横向互动与多元共治层的横向互动类似。本书主要研究主导决策权的共治机构层的内部横向互动。省级国家公园管理机构、省级地方政府、社区组织、社区居民、社会组织和特许经营者的代表团代表不同主体的相应利益，其利益需求在实现过程中可能存在短期与长期、保护与发展的矛盾。不同于政府主导治理模式下政企关系和政社关系的"两元"互动特征，多利益主体治理模式在多元共治层的横向互动是涵盖不同类型权力特征的自组织复杂网络，更多地呈现多元交互特征，在某个项目、某个决策或某段周期内会表现为对抗、博弈、协商和协同4种类型。对抗是不同类型利益主体在竞争过程中利用不同能力限制、抵抗或破坏其他主体利益的互动过程；博弈是不同类型利益主体在相互作用时，根据所掌握的信息追求自身利益最大化的互动过程；协商是不同类型利益主体为减少冲突而确立共同利益的互动过程，存在妥协和让步；协同是不同类型利益主体树立了共同目标，并利用不同能力支持彼此、达成目标的互动过程。

（3）内外互动

内外互动是3个层级与科学委员会的两两互动。元治理层与科学委员会的合作式互动包含吸纳参与和谏言参与两种类型，均属于柔性互动。吸纳参与是中央层级国家公园管理机构通过告知信息、征询意见和伙伴关系等公众参与方式吸纳科学委员会参与本层级的决策。谏言参与是科学委员会从科学角度出发，发挥咨询智库的谏言作用，给中央政府"反馈信息"和"提出建议"。吸纳参与是中央政府通过项目委托、意见征询和评估委托等形式，充分运用科学委员会的科学力量判断国家公园的治理方向和治理结果，并将此结果作为发挥元治理角色的科学依据；谏言参与是科学委员会通过享有的建议权向中央政府提出科学建议，而采纳权在于中央政府。

多元共治层与科学委员会的内外互动与元治理层类似，差别在于科学委员会无论作为元治理层的评估代理方还是外部监督方，都具备质询共治机构决策与行为的权力，共治机构必须就科学委员会的质询公开回应。

操作行动层与科学委员会的内外互动是科学委员会基于评估任务、科研任务或经验积累等目的，通过走访调查与不同主体开展互动的过程。在此过程中，操作行动层的意见与建议也可反馈至科学委员会。该互动过程可作为辅助信息链条，将操作行动层的信息通过科学委员会这一独立机构传输到多元共治层及元治理层，促进治理结构更加平衡科学地运转。

四、模式比较与适用条件

国家公园治理模式必须与特定国家公园区域的生态、经济和社会属性相适应，与国家公园问题及挑战特征相符合，并与国家公园区域所具备的资源条件、经济资本和社会资本相匹配（Putnam et al.，2004）。虽然政府主导治理模式和多利益主体联合治理模式都在本质上强调治理过程中的行动者互动合作，但在决策主体、权威来源、强调侧重和适用条件等方面仍存在一定差异，如表3-4所示。

表3-4　两种治理模式比较

治理模式	决策主体	权威来源	强调侧重	适用条件
政府主导下利益主体参与治理模式	中央层级国家公园管理机构	传统行政权力、政治体制惯性	整体治理	客体：区域生态系统需要长时间、大范围的自然恢复与人工修复。 主体：中央政府有足够的物力、财力和人力支持，国家公园管理体系具备一定强制力、执行力与协调性
多利益主体联合治理模式	共治机构	共同体意识、社会资本、契约精神	网络治理	客体：区域生态系统服务功能完善，处于理想的稳态时期，需要实施中小范围的生态恢复工程。 主体：生态保护已成为多主体的共同目标及意识；属地具备一定规模的社区及社会资本；特许经营者具有公平契约精神和社会责任

政府主导模式以中央政府治理模式为构建基础，决策主体是以中央政府为主导的科层制国家公园行政体系，权威来源于传统行政权力与政治体制惯性，侧重整体治理（Holistic Governance），强调并依赖于政府内部不同部门或

不同层级间的合作。为了避免前述的中央政府治理模式的劣势，如财政压力、行政成本、"寻租"、管制冲突和固化体制，政府主导治理模式在主体多元、公平性、协调性与动态调适原则的指导下，通过整合政府"条块"和分层级吸纳社会、市场主体参与两条路径来提升决策的科学性和公平性，增加央地政策协调性，更好地整合并利用稀缺资源达成利益主体间的交流与合作。该模式沿革国家中心路径（State – centric）（田凯、黄金，2015），把政府作为公共利益最佳代言人和生态保护主导力量，强调政府权力对伙伴关系的主导与规制作用。在地方政府治理能力、社会公共精神和多主体生态共识还不能支撑起国家公园治理的集体行动时，构建政府战略主导的治理结构，通过形式参与和实质参与来提高治理包容性与透明性，分离政府部分职能于市场和社会，并将互动重心下沉于操作行动层。这不仅有利于政府高效履行核心职能，也符合国家公园生态保护初创期和攻坚期的情境。为避免自上而下的传统管制问题与响应缓慢的体制僵化问题，操作行动层也可通过政府内部信息链条与外部信息链条"上传"基层需求。

多利益主体联合治理模式以共同治理模式大类下的联合治理模式为基础，决策主体是基于国家公园成立的多元共治机构，其权威来源于国家公园核心利益主体的"共同体意识"，也可以称为国家公园生态保护或集体行动的共识，同时辅以稠密社会资本和市场契约精神，侧重网络化治理，强调政府、市场和社会各行动者的自主协商，利益主体的正式、非正式互动关系促成了网络治理形态，更贴近治理理论的定义。为了避免前述的共同治理（联合治理）模式的劣势，如协调成本、经验积累和结果失控，该模式在主体多元、公平性、协调性与动态调适原则的指引下，以法国国家治理模式为蓝本，并设置中央政府作为"元治理"角色，避免"无中心"导致的秩序混乱，促进多利益主体从对抗走向协同。该模式沿革社会中心路径（Society – centric）（田凯、黄金，2015），认可市场和社会主体参与公共事务、提供公共服务的权利，强调"地方知识"、社会资本和市场力量在平衡生态保护与区域发展方面的积极作用。在管制积累矛盾、行政监督乏力和政府一元力量薄弱的情景下，地方政府意愿强烈且治理能力健全、社区或社会资本"稠密"可支撑起

"主人翁"决策行为时，构建以共治机构为核心的治理结构，通过利益共享和责任共担的决策模式来塑造和培育多利益主体共同体意识，发挥地方政府、市场与社区等利益主体的能动性，运用本土力量保护本土生态，通过本土生态反哺本土力量，更有利于构建长期协同保护联盟，达成区域发展与生态保护长期共生。

第四章 国家公园治理的保障机制设计

两种国家公园治理模式是基于国际典型的保护地治理模式，并结合我国国家公园的现实条件和基本特征而构建的，具备一定的可行性基础，是实现国家公园有效治理的理想路径。但任何一种模式的运行都会面临各种各样的风险和挑战，为保障治理主体各司其职与高效互动，本章将在识别治理模式运作风险的基础上，通过故障树方法将风险及原因直观化，并据此设计出具有化解、规避和预防功能的治理保障机制，保障治理模式的正常、高效运行。

第一节 国家公园治理模式的运作风险识别

在持续的治理互动中，治理模式的运作有效性会受到客观问题与主观能力等多方面的影响。本节从决策、执行和监督 3 个核心环节出发，结合治理模式固有特征、自然保护地历史遗留问题与国家公园体制改革遭遇的现实桎梏来对影响治理模式运作的潜在风险进行识别。

一、政府主导下利益主体参与治理模式的运作风险识别

政府主导治理模式是将整体性治理理念融入自然保护地工作的政府治理模式，通过府际互动、政社互动和政企互动将碎片化的政府条块、社会和市场整合到国家公园治理过程中。该模式运作机制所面临的主要潜在风险是主体碎片化，表现为治理主体不协同、参与主体低效或无效参与，其实质是治理运作机制的府际互动、政社互动和政企互动失调，可能会导致政府一元治理及国家公园行政体系"一言堂"的困境，从而增加国家公园的治理成本。上述风险映射在运作机制的决策、执行和监督环节中，会反映出公平性、科学性和协调性不足，表面执行、局部执行和停滞执行，内部监督失位、外部

监督缺位等不同问题，并存在环节间的因果影响。

（一）决策环节

政府主导治理模式的核心决策权由战略决策层的中央政府掌握，即国家公园总体方向把控和组织实施层的钱、权、人调度配置等顶层决策；组织实施层的政府主体享有组织实施层的引导参与和操作行动层的资源配置等相关决策权。当主体碎片化风险映射于决策环节时，治理运作机制可能面临决策公平性、科学性和协调性不足的风险。公平性不足是指决策没有充分考虑群体、区域的长短期利益需求，该决策或政策损害了个别或部分群体的利益，导致个人选择与集体选择激励不相容。例如，生态保护的限制政策妨碍了社区居民的传统生计，却没有给予社区居民合理的生态补偿等。忽视利益诉求和利益表达的利益失衡决策不仅无助于国家公园生态保护的集体行动，还会激发群体矛盾和社会冲突，进一步影响决策效能和执行效力。科学性不足是指决策缺乏合理性，脱离甚至有悖于问题导向、规律支撑和现实条件，不符合国家公园区域内生态系统、社会系统与经济系统的客观运行规律与条件。例如，我国自然保护地存在的保护范围越位、缺失和破碎化等问题就是由于自然保护地体系缺乏科学系统的顶层设计和远景规划、早期技术限制以及地方政府的理念偏差而引发的决策规划不合理而导致的。自然保护地没有"应保尽保"，保护效果差与保护效率低等问题也由此产生（黄宝荣等，2020）。协调性不足是指决策不配套、偏差以及冲突，表现为不同层级间的决策传递偏差、配套缺失以及同层级内部的决策冲突等。例如，祁连山国家公园（原祁连山自然保护区）就存在地方性法规与部门条例的严重偏差。2013 年，甘肃省修订发布的《甘肃省矿产资源勘查开采审批管理办法》，允许试验区进行矿业开采，明显违背了《中华人民共和国自然保护区管理条例》等行政法规；三次修订后的《甘肃祁连山国家级自然保护区管理条例》仍有部分规定与《中华人民共和国自然保护区管理条例》不一致，其中较突出的是将国家规定的"禁止在自然保护区内进行砍伐、放牧、狩猎、捕捞、采药、开垦、烧荒、开矿、采石、挖沙"10 类活动缩减为"禁止进行狩猎、垦荒、烧荒"3 类活动（苏杨，2017），上述央地间决策的冲突是发生"祁连山生态破坏事件"的重要原因。

（二）执行环节

执行是决定治理运作机制效果的核心环节，其有效性与效率受决策环节和监督环节的直接影响。当主体碎片化映射于执行环节时，政府主导治理模式可能面临表面执行、局部执行和停滞执行等风险，即执行过程进行不顺或者直接停止，导致决策目标无法落地，沦为空谈（丁煌，2002）。该风险是政府主体"上有政策，下有对策"行为的外在表现，更多地作用于决策落实和关系复杂的操作行动层。表面执行是指决策在执行过程中未被转化为具体措施和操作行动，仅仅是象征性的宣传或表面功夫。例如，国家公园规划没有具体落实，省级/基层政府与国家公园行政管理体系"象征性合作"，口头支持中央决策或以书面形式表态支持，但在实际工作中不配套人力、物力和财力资源，在国家公园区域的公共服务、社会管理及行政执法等方面存在缺位、失位和不作为情况。又如，2018 年派驻中央纪检干部专项整治的"秦岭违建别墅及生态破坏事件"，该事件于 2014 年至 2018 年经过六次中央批示指示，但地方政府敷衍执行和象征性督查，不仅没有给予足够重视和实质性关注，而且还存在瞒报漏报检查结果等情况。局部执行即选择性执行，执行者根据自身利益需求对决策精神和内容任意取舍，仅仅执行符合执行者自身利益的决策，对决策初衷和公共利益置若罔闻。再如，国家公园体制改革试点也存在地方政府对国家公园的认知曲解问题，没有全面认知"生态保护第一、国家代表性、全民公益性"的建设理念，仍将国家公园视为地方政府的"经济发动机"，试点区域内的人类活动强度甚至高于试点确立之前（黄宝荣等，2018），开发建设活动的扩大趋势不仅违背了国家公园的建设初衷，而且会破坏国家公园试点区域的生态环境质量，进一步损害公共利益。停滞执行是指因区域、群体等利益失衡，执行方法不当和执行冲突等原因导致决策未得以贯彻实施，执行过程在开头或某一阶段出现中断或终止。例如，因群体利益失衡产生冲突而引发改革的法国国家公园体系。原有的法国国家公园体系没有考虑人地和谐，导致了瓦努瓦兹国家公园、梅康图尔国家公园、阿尔卑斯山区国家公园和赛文国家公园等出现不同程度的公众冲突（陈叙图等，2017），这些问题引起政府重视并进入制度变迁议程，原有体系及相关制度决策被终止。此外，我国野生动物肇事补偿机制也存在停滞执行的情况。虽然《野生动物保护法》第十四条已经明确规定了补偿责任主体，即地方政府应承担野生动物肇事补偿的费用，然而在执行过程中往往会遭遇因地方财政收入不足而导致停滞执行的情形。例如，云南、甘肃等省份的地方财政收入不足，难以完全负担补偿费用，导致野生动物肇事补偿政策难以执行，即使野生动物肇事损害了社区居民利益，受害方也难以获取相应补偿。

（三）监督环节

监督包括对资源使用状况的监督和对利益主体行为的监督，其健全性对决策执行效率至关重要。政府主导治理模式的监督包括治理主体的行政内部监督和参与主体的公众外部监督两种类型。决策环节与执行环节的现实偏差可能性决定了实施监督的必要性。监督环节以决策环节确立的目标为基准，监督方通过所掌握的信息来分析和评估执行是否有效、是否偏离决策目标。若无效或偏离目标，则采取相应的监督手段予以制止和纠正，从而保证决策目标的实现与执行措施的有效性（丁煌，2002）。当主体碎片化映射于监督环节时，政府主导治理模式面临内部监督失位和外部监督缺位的风险。治理主体的行政内部监督包括上级部门的隶属关系监督和职能部门的职责监督。隶属关系监督是指国家公园垂直体系的上级管理机构有责任通过业务指导和责任落实对下级管理机构实施监督问责，开展定期或不定期实地调研与业务抽查，该类监督失位体现在上级机构没有意识监督或放任下级机构在实现生态、科研、游憩和教育功能过程中的失职和渎职行为，对国家公园的自然资源使用利用、空间用途管制和生态系统造成了负面影响。职能部门的职责监督是指生态环境等相关职能部门对国家公园生态环境进行监测、督促、评估和执法的过程，如2017年开展的"绿盾"专项行动就是环境保护部联合其他职能部门针对自然保护区生态环境监督检查的专项行动。该类监督失位是指职能部门未及时发现、制止乃至包庇国家公园内的生态环境违法违规行为，对国家公园物种保护工作、环境要素和生态系统产生负面影响，如2018年6月经专项督查发现的洞庭湖自然保护地"私家湖泊"事件就是地方生态环境、水利等职能部门监督失位的典型案例。

参与主体的公众外部监督是公民、法人和其他组织参与监督环节，行使知情权和监督权，对国家公园建设运行过程中不合法、不合规的行为进行监督、举报乃至司法诉讼，维护自身权益和公共利益的过程。公众外部监督是保证国家公园可持续发展的重要手段，是公民参与国家公园治理、提升生态素养的行为实践，也是内部监督失位的主要补充。它的缺位主要包括公众"不知情"和"知情不报"等情形。"不知情"是基于国家公园功能分区所固有的隐蔽性特征和决策、执行环节的低效或无效参与，从而导致公众遭遇空间物理隔离和决策信息隔离，难以知悉国家公园治理相关活动，无力发挥公众外部监督作用。"知情不报"是指参与主体在决策与执行环节信息对称，但基于主观心理畏缩、客观路径障碍或者监督成本过高等原因选择不参与监督。此外，能知晓国家公园决策和执行相关信息的往往是核心利益主体，其行为可能已经触碰了资源使用和生态保护的红线，致使公众外部监督陷入监督者悖论的困境（任颖，2019）。

二、多利益主体联合治理模式的运作风险识别

多利益主体联合治理模式是网络化治理理念与自然保护地联合治理模式实践的结合产物，通过搭建共治机构平台赋予多利益主体决策权与相应责任，其本质是成立利益主体的自组织网络，相关利益主体及成员都被赋予决策、执行与监督的权责，通过权责分散与重叠管辖驱动多元主体形成"生态共同体"，达成生态保护的集体行动。

多利益主体联合治理模式面临复杂社会网络交互的运行状况。节点或任一网络面板连接的断裂都会影响层级网络的横纵交互。因此，该模式运作机制面临的主要潜在风险是网络断裂，表现为多元主体的低效与无效合作，其实质是主体陷入囚徒困境、零和博弈所导致的集体行动失灵，容易产生"纸上公园"（Soverel et al.，2010），从而偏离和违背我国国家公园建设的动机、本质与目标。上述风险映射在决策、执行和监督环节时，表现为共识难成、目标偏移，敷衍执行、执行走样以及对抗执行，内部监督失灵等不同问题，在一定程度上会损耗治理客体的生态系统价值和治理主体的原始社会资本存量。

（一）决策环节

多利益主体联合治理模式的决策权由共治决策层的多元共治机构掌握，

包括国家公园的规划计划、人员选举和资源配置等。当网络断裂风险映射于决策环节时，治理运作机制面临共识难成和目标偏移两种风险。共识难成是指决策结果不能满足个体选择与集体选择的激励相容，当多利益主体偏好出现难以统一的分歧时，完成集体选择将会耗费大量成本，需要考虑集体选择面临的成本效益风险。公共选择学派认为集体选择需要考虑效率成本和决策成本，"一致同意规则"效率成本为零（帕累托最优），但会耗费大量的决策成本；"多数票决策机制"会降低决策成本，但将面临群体公平性问题。此外，"阿罗不可能定理"也证明了揭示个体真实偏好的困难性以及"投票民主"悖论。目标偏移是指多利益主体通过机制规则达成了集体选择，但所选择的决策结果不符合公共利益，违背了生态保护优先和全民公益性理念，反映出集体选择所需考虑的伦理风险。例如，当多元共治层的地方政府、特许经营者、社区组织和社区居民等利益主体结成属地利益集团时，可能会通过合谋达成集体短期利益优先的决策，损害当代或代际的公共利益，国家公园管理机构则因"势单力薄"而无力影响治理决策；当多元共治层的地方政府、国家公园管理机构、特许经营者等利益主体结成政企利益集团时，可能会因为政企合谋"寻租"而损害薄弱社会主体的权益，尤其是社区组织和社区居民的利益；当多元共治层的地方政府在生态政绩压力下与国家公园管理机构依托传统权威扩大公权范围、制定不合理的"一刀切"决策时，则会损害市场主体和社会主体的生活生产权益，挫伤三方主体联动的积极性与潜力。

（二）执行环节

上述决策环节所面临的共识难成和目标偏移风险都会影响执行的进度与结果，尤其是当决策结果偏移初始目标与公共利益时，国家公园难免会陷入保护与发展失衡的困境。当网络断裂风险仅映射于执行环节时，多利益主体联合治理模式会面临敷衍执行、执行走样以及对抗执行等情形。该风险是任一主体或群体在道德风险下背弃决策共识和合作承诺的行为显现，表现为操作行动层无视、敷衍或抗拒与共治决策层的互动，破坏了纵向社会网络，而纵向任一网络连接的断裂会导致操作行动层的利益主体退出横向互动。

1. 敷衍执行

敷衍执行是执行过程中"搭便车"行为的体现，执行主体不付出却享受成果，并导致集体行动网络破裂。例如，社区居民或社区组织成员都接受国家公园治理的生态补偿或生态管护补贴，却有部分成员无视、象征性或敷衍执行相应管护任务，坐享其他成员巡护和管护成果的情形。白水江国家级自然保护区（现为大熊猫国家公园白水江片区）李子坝村的农民森林巡护队就遭遇过因村民"搭便车"行为和外部保障缺失等问题导致的自治执行停滞困境（韦惠兰、鲁斌，2010）。

2. 执行走样

执行走样是执行主体的机会主义行为，即故意避开制度规定或利用制度漏洞局部执行决策或歪曲替代决策，只追求满足个体利益而损害集体和公共利益。以特许经营为例，短期逐利的市场主体可能会在机会主义驱使下背弃合作决策的承诺和特许经营合同，扩大特许经营范围及经营种类，致使集体或公共利益遭遇机会主义下道德风险的侵蚀。国内外多个自然保护地都曾面临市场主体机会主义行为所造成的执行走样问题，并导致合作网络的断裂（保继刚、左冰，2008；刘一宁、李文军，2009）。

3. 对抗执行

对抗执行是操作行动层的个体、群体或组织为追求各自利益，通过对抗冲突等方式拒绝执行决策的风险类型。乌干达埃尔贡山国家公园因为合作共管的社区利益分配问题引发了执行过程的对抗冲突。该国家公园位于乌干达同肯尼亚的交界处，采用协议式社区共管模式，通过合作资源管理协议赋予社区组织森林监管和执法权，允许社区居民进行药用植物采集、竹笋或养蜂等资源利用活动，期望通过生计水平的提升改变社区居民对国家公园的认知与态度，促进国家公园与周边社区良好关系的形成。然而，该合作资源管理协议在制定过程中存在面向对象筛选与甄别标准过高的问题，导致周边部分社区不能享受到协议所制定的补偿政策，继而引发了以利益分配为焦点的社区冲突（Nakakaawa et al.，2015）。我国自然保护地多位于欠发达地区，分布于云贵川、东南沿海和京津冀的多个自然保护地也都发生过因限制访问、限制利用和利益分配不均而导致的社区对抗执行问题（王应临、张玉钧，2019）。

（三）监督环节

奥斯特罗姆认为，新制度供给、可信承诺和相互监督是自主治理的三大难题，且相互监督是可信承诺与新制度供给的突破点，是避免组织成员"搭便车"和机会主义行为的重要手段，也是决策和执行环节可持续运作的基础保障。

多利益主体联合治理模式的监督包括内部监督和外部的科学委员会监督，其中，科学委员会扮演类似第三方评估和监督的角色。当网络断裂映射于监督环节时，治理模式的内部监督更容易面临失灵风险，包括纵向层级间监督和横向层级内相互监督。

1. 纵向层级间监督

纵向层级间监督包括元治理层对共治决策层的监督、共治决策层与操作行动层的相互监督。

（1）元治理层对共治决策层的监督

元治理层发挥大家长作用独立或委托科学委员会等第三方机构对共治决策层进行评估与监督，这是中央政府主导的单方监督，包括对资源状况的监督和对利益主体的行为监督。由于元治理层更偏向于"需求后供给"顺序和固定周期的行为监督，因此可能面临信息滞后、问题累积等监督失灵情形。

（2）共治决策层和操作行动层的相互监督

共治决策层和操作行动层存在双向主导的相互监督。由共治决策层主导的监督是对决策执行进度的监督，目的在于把控决策执行的效果和效率；由操作行动层主导的监督是对委托代理行为效果和效率的监督，由委托方监督代理人是否准确、有效地传达群体意志和争取群体权益。虽然共治决策层与操作行动层的主体在治理模式中构建了一一对应的互动关系，但社会主体和市场主体是利用社会网络与市场契约建立的非正式松散网络，可能会遭遇问责乏力导致的监督失灵等情形。

2. 横向层级内相互监督

横向层级内相互监督即共治决策层/操作行动层内部的多利益主体相互监

督，是防止决策环节目标偏移和操作行动层"搭便车"、机会主义行为的重要手段，但监督同样存在二阶"搭便车"的问题。当监督收益大于监督成本时，监督行为自然会发生，但若监督成本由个体付出，而监督收益归全部成员所有，那监督行为发生的概率就会降低。这是社群自治的监督困境，也是监督成本与监督收益的较量，需要依靠保障机制来激活社群内部监督的积极性。

第二节 风险原因及致险因子分析

一、故障树的基本原理

故障树分析法，又称事故树分析法，是一种系统化的多因素多层次分析方法。它以初始事件为分析目标，通过自上而下的演绎推理，对系统中各事件间的因果关系进行分析，并借用逻辑门、转移符号和逻辑符号将因果关系以倒立树状图的形式直观地描述出来。其中，初始事件又称为顶事件，是系统中最不希望发生的事，也是故障树分析的目标。故障树可以有层次地展示各事件或影响因素之间的逻辑关系，不断发展导致事件发生的深层次原因事件，以此寻找事故发生的底事件。

故障树分析法以布尔代数的形式，形象地表现各事件之间的关系。在进行故障树分析时，有不同的方式，但综合来讲，可分为以下几个步骤：①确定顶事件。需要注意的是，一个故障树有且只有一个顶事件。②列出所有事件，包括中间事件和底事件。在定量分析时，还需给出各事件发生的概率。③绘制故障树。故障树主要由或门及与门构成。故障树结构一旦确定，其主要特性也随之确定。④评估故障树。对顶事件进行风险识别和分析，寻找可能的改善方式。⑤控制风险。确认可行的方法，降低顶事件发生的概率。

该方法通过确立顶事件，自上而下地推断导致顶事件发生的各因素或事件之间的逻辑关系，得到顶事件发生的根本原因。故障树分析方法可以从定量和定性两个方面分析阐释问题形成的原因和形成的过程。在定性分析时，可以通过分析故障树的最小割集，得到顶事件的直接原因。在定量分析时，通过对各个底事件的发生概率进行赋值，研究顶事件发生的可能性并有针对性地选择影响较大的底事件进行机制设计，使用有限资源降低系统风险。

在故障树中，逻辑"或"用"+"表示，表示下级事件中任意一件发生，就会导致事件的发生；逻辑"与"用"·"表示，意味着所有下级事件发生，才会导致这一事件发生；逻辑"非"用"~"表示，意味着上级事件都不发生，才会导致这一事件发生。另外，还有逻辑"异或"等符号，使用较少。在对故障树结构分析中，最小割集表示导致顶事件发生的最低限度的底事件组合，而最小径集为不会导致顶事件发生的最低限度的底事件组合。

二、政府主导治理模式的风险形成原因分析

（一）原因初析

对多元主体的行为选择进行简化后，可以发现，政府主导治理模式是政府主体在［吸纳、不吸纳］选择下市场主体和社会主体选择［参与、不参与］的过程，策略选择的结果如表4-1所示。

表4-1　政府主导治理模式的主体策略选择

参与主体	治理主体	
	吸纳	不吸纳
参与	［吸纳，参与］	［不吸纳，参与］
不参与	［吸纳，不参与］	［不吸纳，不参与］

［吸纳，参与］结果是该模式的理想结果，是不同层级政府主体运用适当工具吸纳社会主体和市场主体以适当形式参与到国家公园治理中。［不吸纳，参与］结果是指社会主体、市场主体有意愿或能力参与治理，但政府主体主动吸纳理念和组织协调能力不足，未搭建起社会主体和市场主体参与决策、执行和监督的规范渠道。［吸纳，不参与］结果是指政府主体有主动吸纳的理念和作为，但社会主体和市场主体不愿意或不积极参与，原因可能是社会主体和市场主体保护理念缺乏、公共精神或生态意识薄弱、参与治理的外部驱动力不足等。［不吸纳，不参与］结果是该模式的最坏结果，在政府主体、市场主

体和社会主体都没有合作治理理念与行为时，治理的集体行动将陷入困局。

结合上述策略结果的分析，模式风险的形成原因可大致归为主体效用不足和互动介体不良两个方面，主体效用不足是指治理主体（政府）的吸纳、动员、组织和协调理念与能力不足，以及参与主体（社会和市场）的公共精神、生态意识、社会责任、组织经验和协助能力不足等。介体是连接治理主体吸纳及参与主体进行决策、执行和监督的媒介手段，如不健全的激励、信息和问责体系等，介体不良可抑制治理主体的吸纳能力和参与主体的动力。

（二）原因组合作用路径

为清晰地展示运作机制的风险形成原因，本节通过构建政府主导治理模式的故障树模型，使用逻辑符号对各事件进行描述关联，通过树状图形化手段，梳理和描述各事件之间的逻辑关系，对系统中可能存在的顶事件发生风险进行演绎推论，寻找治理运作机制所面临的薄弱环节。

根据故障树的定义，将政府主导治理模式失灵的主体破碎化作为顶事件，将主体效用不足和互动介体不良的风险表现作为中间事件，将形成原因作为底事件，风险事件如表 4-2 所示。表中 T 表示顶事件，Mi 表示中间事件，Xi 表示底事件。

表 4-2　政府主导治理模式的风险事件

顶事件 T：主体破碎化	
编号	中间事件
M1	主体效用不足
M2	互动介体不良
M3	主体治理能力不足
M4	合作低效
M5	主体生态意识淡薄
M6	治理行为有效性不足
M7	治理行为规范性不足
M8	主体间目标存在分歧
M9	监督管理能力不足
M10	府际互动低效
M11	政府主体权责不清

续表

顶事件 T：主体破碎化	
编号	**中间事件**
M12	参与主体公共精神缺乏
M13	激励机制不健全
M14	政策执行落实困难
M15	治理行为协调困难
M16	治理评价操作困难
编号	**底事件**
X1	主体间治理理念差异
X2	政府主体内部监督失位
X3	参与主体外部监督缺位
X4	地方政府合作意愿低迷
X5	国家公园管理机构协调能力不足
X6	相关规章制度不完善
X7	政府主体协商制度未落实
X8	参与主体共建能力不足
X9	参与主体协助能力不足
X10	参与主体机会主义行为
X11	参与主体服务意识不足
X12	主体权责不配套
X13	参与主体生态保护意识淡薄
X14	政府主体生态责任意识淡薄
X15	政府主体财政资金供给受限
X16	参与主体盈利能力不足
X17	参与主体执行动力不足
X18	参与保障制度不完善
X19	治理主体选择性执行
X20	治理主体执行方法不当
X21	诉求反馈渠道不畅通
X22	信息公开透明不足
X23	监测评估手段单一
X24	问责机制不健全
X25	资源配置不公平
X26	长短期利益冲突

政府主导治理模式的主体破碎化故障树，如图4-1所示。

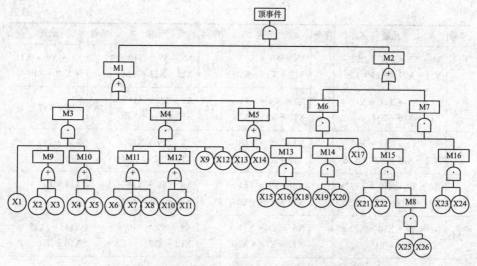

图 4-1　政府主导下的利益主体参与治理模式故障树模型

政府主导治理模式的故障树布尔表达式为

$[X1 * (X2 + X3) * (X4 + X5) + X9 * X12 * (X6 + X8 + X7) * (X10 + X11) + X13 + X14] * (X17 + X15 * X16 * X18 + X19 * X20 + X21 * X22 * X25 * X26 + X23 * X24)$

政府主导治理模式故障树模型的最小割集指的是，去除某底事件后主体碎片化风险不会爆发的输入事件集合，是模型风险演化的最小路径，揭示了模型风险爆发的一般规律和基本形式。通常，最小割集的路径越多，系统面临的风险也越大。使用 FreeFta 软件，求得主体碎片化的最小割集共 60 个，具体如表 4-3 所示。

表 4-3　政府主导治理模式故障树模型的最小割集

序号	元素	序号	元素	序号	元素	序号	元素
1	X7 * X9 * X10 * X12 * X21 * X22 * X25 * X26	2	X13 * X23 * X24 * X23 * X24	3	X14 * X21 * X22 * X25 * X26	4	X1 * X2 * X5 * X19 * X20
5	X7 * X9 * X10 * X12 * X15 * X16 * X18	6	X1 * X3 * X4 * X15 * X16 * X18	7	X13 * X21 * X22 * X25 * X26	8	X1 * X3 * X4 * X23 * X24

序号	元素	序号	元素	序号	元素	序号	元素
9	X6 * X9 * X11 * X12 * X21 * X22 * X25 * X26	10	X8 * X9 * X10 * X12 * X19 * X20	11	X6 * X9 * X10 * X12 * X23 * X24	12	X8 * X9 * X11 * X12 * X17
13	X6 * X9 * X11 * X12 * X15 * X16 * X18	14	X7 * X9 * X11 * X12 * X23 * X24	15	X8 * X9 * X11 * X12 * X19 * X20	16	X14 * X17
17	X8 * X9 * X11 * X12 * X21 * X22 * X25 * X26	18	X7 * X9 * X10 * X12 * X19 * X20	19	X8 * X9 * X10 * X12 * X23 * X24	20	X14 * X19 * X20
21	X6 * X9 * X10 * X12 * X21 * X22 * X25 * X26	22	X6 * X9 * X11 * X12 * X23 * X24	23	X8 * X9 * X11 * X12 * X23 * X24	24	X14 * X23 * X24
25	X6 * X9 * X10 * X12 * X15 * X16 * X18	26	X6 * X9 * X11 * X12 * X19 * X20	27	X8 * X9 * X10 * X12 * X17	28	X14 * X15 * X16 * X18
29	X1 * X3 * X5 * X21 * X22 * X25 * X26	30	X6 * X9 * X10 * X12 * X19 * X20	31	X7 * X9 * X10 * X12 * X17	32	X13 * X23 * X24
33	X1 * X3 * X4 * X21 * X22 * X25 * X26	34	X1 * X3 * X5 * X23 * X24	35	X6 * X9 * X11 * X12 * X17	36	X13 * X15 * X16 * X18
37	X8 * X9 * X10 * X12 * X21 * X22 * X25 * X26	38	X1 * X2 * X5 * X23 * X24	39	X6 * X9 * X10 * X12 * X17	40	X1 * X3 * X5 * X17
41	X1 * X2 * X5 * X21 * X22 * X25 * X26	42	X8 * X9 * X11 * X12 * X15 * X16 * X18	43	X1 * X3 * X5 * X19 * X20	44	X1 * X3 * X4 * X17
45	X8 * X9 * X10 * X12 * X15 * X16 * X18	46	X1 * X2 * X4 * X23 * X24	47	X1 * X3 * X4 * X19 * X20	48	X1 * X2 * X5 * X17
49	X1 * X2 * X4 * X21 * X22 * X25 * X26	50	X1 * X2 * X4 * X19 * X20	51	X1 * X2 * X4 * X15 * X16 * X18	52	X1 * X2 * X4 * X17
53	X7 * X9 * X11 * X12 * X15 * X16 * X18	54	X7 * X9 * X10 * X12 * X23 * X24	55	X7 * X9 * X11 * X12 * X17	56	X13 * X17
57	X7 * X9 * X11 * X12 * X21 * X22 * X25 * X26	58	X1 * X2 * X5 * X15 * X16 * X18	59	X7 * X9 * X11 * X12 * X19 * X20	60	X13 * X19 * X20

经过故障树分析可知：

①故障树为横向结构。在横向结构下，系统面临的风险虽然涉及范围广，

但影响程度较小。不易产生制度化问题，而易在操作层面出现各种各样的失误。

②故障树的最小割集数目为 60 个，一般最小割集对应的路径越多，系统面临的风险就越大，需要设置相应的机制进行风险防控。

③对故障树影响较大的因素主要有 X17、X14、X13、X1 四项，分别为参与主体执行动力不足、政府主体生态责任意识淡薄、参与主体生态保护意识淡薄、主体间治理理念差异，可概括为执行动力不足、环境意识淡薄和治理理念差异。

三、多利益主体联合治理模式的风险形成原因分析

（一）原因初析

简化主体行为选择后可知，多利益主体联合治理模式是政府主体、市场主体和社会主体在国家公园治理中选择合作与否的过程，主要风险是主体间与主体内部的合作网络破裂，其实质是不同规模个体与集体的理念差异和机会主义。主体间的合作网络破裂即多元共治层/操作行动层的横向互动障碍，原因包括主体间理念差异、机会主义行为、领导者协调能力不足、信息不对称、信任不足、互惠规范缺失、监督评估体系不健全、问责体系不健全、激励错位等。主体内部的合作网络破裂是共治决策层与操作行动层科层关系、契约关系和委托代理关系的纵向互动障碍，原因包括上级政府监督管理能力不足、代理者动员协调能力不足、委托者的机会主义行为、信息不对称、社会网络不健全、信任不足、互惠规范缺失、监督评估体系不健全、问责体系不健全、激励错位等。

（二）原因组合作用路径

同上节思路，本节将多利益主体联合治理模式失灵的网络破裂设置为顶事件，将主体效用不足和互动介体不良的风险表现视为中间事件，将从主体效用和互动介体角度总结的形成原因视为底事件，风险事件如表 4-4 所示。表中 T 表示顶事件，Mi 表示中间事件，Xi 表示底事件。

表4-4 多利益主体联合治理模式的风险事件

顶事件 T：网络破裂	
编号	中间事件
M1	主体效用不足
M2	互动介体不良
M3	治理决策障碍
M4	主体生态意识淡薄
M5	主体协商不足
M6	治理行为有效性不足
M7	治理行为规范性不足
M8	多元共治层共识难成
M9	多元共治层目标偏移
M10	资源配置效益不足
M11	共治决策层利益集团合谋
M12	共治决策层统筹能力不足
M13	长期规划不科学
M14	共治决策层主体代表性不足
M15	主体间信任不足
M16	主体间信息共享不足
M17	激励机制不健全
M18	决策规划落实困难
M19	治理行为评估困难
M20	治理监督机制失灵
M21	内部互相监督失序
M22	社会网络不健全
编号	底事件
X1	主体间治理理念差异
X2	治理决策成本高
X3	治理决策效率低
X4	地区发展利益受损
X5	环境保护效果缺失
X6	利益分配不均衡
X7	公共生态利益受损
X8	决策落实效率不足
X9	参与主体权责不清
X10	共治决策层发展定位不清晰
X11	操作行动层建设能力不足

续表

顶事件 T：网络破裂	
编号	底事件
X12	代理方生态责任意识淡薄
X13	委托方生态保护意识淡薄
X14	治理主体执行动力不足
X15	建设资金不稳定
X16	参与方盈利不足
X17	长期发展利益规划欠缺
X18	政策制定合理性不足
X19	主体互惠关系失范
X20	主体合作关系破裂
X21	信息反馈渠道不畅通
X22	信息公开透明不足
X23	执行主体的机会主义行为
X24	执行方式僵化不恰当
X25	监测手段单一
X26	问责机制不健全
X27	外部监督失灵
X28	内部恶意竞争
X29	内部监督成本上升

多利益主体联合治理模式的网络破裂故障树，如图 4 - 2 所示。

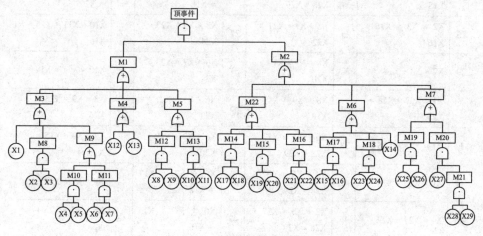

图 4 - 2　多利益主体联合治理模式故障树模型

多利益主体联合治理模式的故障树布尔表达式为

（X1 + X2 * X3 + X4 * X5 + X6 * X7 + X12 + X13 + X8 * X9 + X10 * X11）*（X17 * X18 + X19 * X20 + X21 * X22 + X14 + X15 * X16 + X23 * X24 + X25 * X26 + X27 * X28 * X29）

多利益主体联合治理模式故障树模型的最小割集指的是，去除某底事件后网络破裂风险不会爆发的输入事件集合，是模型风险演化的最小路径，揭示了模型风险爆发的一般规律和基本形式。使用 FreeFta 软件，求得网络碎片化的最小割集共 64 个，具体如表 4 – 5 所示。

表 4 – 5　多利益主体联合治理模式故障树模型的最小割集

序号	元素	序号	元素	序号	元素	序号	元素
1	X13 * X21 * X22	2	X13 * X23 * X24	3	X13 * X25 * X26	4	X13 * X27 * X28 * X29
5	X13 * X14	6	X13 * X15 * X16）	7	X13 * X17 * X18	8	X13 * X19 * X20
9	X12 * X17 * X18）	10	X12 * X27 * X28 * X29	11	X12 * X25 * X26	12	X12 * X23 * X24
13	X12 * X15 * X16	14	X10 * X11 * X27 * X28 * X29	15	X12 * X21 * X22	16	X12 * X19 * X20
17	X12 * X14	18	X10 * X11 * X25 * X26	19	X10 * X11 * X23 * X24	20	X10 * X11 * X21 * X22
21	X2 * X3 * X17 * X18	22	X8 * X9 * X27 * X28 * X29	23	X10 * X11 * X17 * X18	24	X10 * X11 * X19 * X20
25	X2 * X3 * X15 * X16）	26	X8 * X9 * X21 * X22	27	X8 * X9 * X23 * X24	28	X10 * X11 * X15 * X16
29	X2 * X3 * X14	30	X8 * X9 * X19 * X20	31	X6 * X7 * X23 * X24	32	X10 * X11 * X14
33	X1 * X27 * X28 * X29	34	X8 * X9 * X17 * X18）	35	X6 * X7 * X21 * X22	36	X8 * X9 * X25 * X26
37	X1 * X25 * X26	38	X6 * X7 * X27 * X28 * X29	39	X6 * X7 * X19 * X20	40	X8 * X9 * X15 * X16
41	X1 * X23 * X24	42	X4 * X5 * X27 * X28 * X29	43	X6 * X7 * X17 * X18	44	X8 * X9 * X14
45	X1 * X21 * X22	46	X2 * X3 * X27 * X28 * X29	47	X6 * X7 * X15 * X16	48	X6 * X7 * X25 * X26

序号	元素	序号	元素	序号	元素	序号	元素
49	X1 * X19 * X2	50	X2 * X3 * X25 * X26	51	X4 * X5 * X19 * X20	52	X6 * X7 * X14
53	X1 * X15 * X16	54	X2 * X3 * X23 * X24	55	X4 * X5 * X17 * X18	56	X4 * X5 * X25 * X26
57	X1 * X17 * X18	58	X2 * X3 * X21 * X22	59	X4 * X5 * X15 * X16	60	X4 * X5 * X23 * X24
61	X1 * X14	62	X2 * X3 * X19 * X20	63	X4 * X5 * X14	64	X4 * X5 * X21 * X22

经过故障树分析可知：

①故障树为横向结构。在横向结构下,系统面临的风险虽然涉及范围广,但影响程度较小。不易产生制度化问题,而易在操作层面出现各种各样的失误。

②故障树的最小割集数目为 64 个,如前文所示,一般最小割集对应的路径越多,系统面临的风险就越大。可见,在现行阶段,该模式面临的风险略高于政府主导治理模式,需要设置相应的机制进行风险防控。

③对故障树影响较大的因素主要有 X1、X12、X13、X14 四项,分别为主体间治理理念差异、代理方生态责任意识淡薄、委托方生态保护意识淡薄、治理主体执行动力不足,可概括为主体间治理理念差异、生态意识淡薄和治理动力不足。

四、致险因子的共性与个性

结构重要度体现了各底事件对顶事件的贡献度,排名先后显示了各个风险因素对治理模式风险爆发的影响程度。

政府主导治理模式的结构重要度为

$I(X17) > I(X14) = I(X13) = I(X1) > I(X24) = I(X23) = I(X20) = I(X19) > I(X12) = I(X9) > I(X5) = I(X4) = I(X3) = I(X2) > I(X18) = I(X16) = I(X15) > I(X11) = I(X10) > I(X8) = I(X7) = I(X6) > I(X26) = I(X25) = I(X22) = I(X21)$

多利益主体联合治理模式的结构重要度为

$$I(X14) > I(X13) = I(X12) = I(X1) > I(X26) = I(X25) = I(X24) = I(X23) = I(X22) = I(X21) = I(X20) = I(X19) = I(X18) = I(X17) = I(X16) = I(X15) > I(X11) = I(X10) = I(X9) = I(X8) = I(X7) = I(X6) = I(X5) = I(X4) = I(X3) = I(X2) > I(X29) = I(X28) = I(X27)$$

通过与表4－4、表4－5比较可知，政府主导治理模式运作机制的重要致险因子为参与主体执行动力不足、参与主体生态责任意识淡薄、政府主体生态保护意识淡薄和主体间治理理念差异。其中，参与主体执行动力不足的重要度高于后三者。这说明国家公园生态红利的溢出性尚未对市场主体和社会主体形成足够的参与驱动力，需要从主观理念塑造和现实红利驱动两方面提高市场主体和社会主体对国家公园治理的认知度和认可度。多利益主体联合治理模式运作机制的重要致险因子为治理主体执行动力不足、委托方生态保护意识淡薄、代理方生态责任意识淡薄和主体间治理理念差异。其中，治理主体执行动力不足的重要度高于后三者。这说明国家公园未能统一多元主体的利益诉求，需要以共治机构平台为核心协调多元主体利益，形成生态保护合力。

虽然政府主导治理模式与多利益主体联合治理模式会面临不同风险，从而影响治理模式运作的有效性与稳定性，但其致险因子存在高度共性与零星差异，核心致险因子可概括为主体理念差异、生态意识淡薄和动力不足。

第三节　保障机制框架设计

青木昌彦认为，"如果一种机制为了达到某种社会目标被设计出来却无法自我实施，那就需要附加一种额外的实施机制"。杰克·奈特强调，"如果制度成功地构建了我们之间的互动，它们必须有一些机制以确保我们遵守它们"（何雷，2018）。

结合故障树分析，理念差异、意识淡薄和动力不足是导致两个治理模式运作风险的基础原因，反映出国家公园生态保护不仅没有与不同主体的理念和意识相容，也未形成足够的驱动力。为提高治理模式运作机制的弹性和韧性，本书立足于主体理念统一、生态意识提升和主体动力培育3个要点，设计防范和化解治理风险的保障机制框架，其实质是治理运作机制的系统性保障方案。机制框架及关联如图4-3所示。

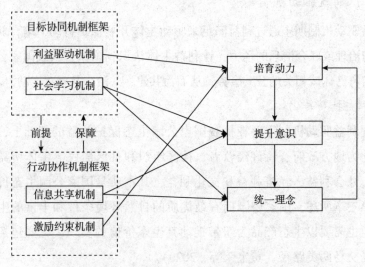

图4-3 基于核心致险因子设计的治理保障机制框架

一、目标协同机制框架

目标协同是行动协作成为可能的前提条件，也是维系行动主体产生共识和合作分工的基础。目标协同并不是指主体具备共同或相同目标，而是指多主体间的多目标在实现过程中具备一致性，虽然存在短期实现与长期实现的冲突，但能在机制调和下予以化解。在国家公园治理过程中，政府主体、市场主体和社会主体围绕国家公园生态保护目标持续互动，国家公园管理机构以生态保护为直接目标，地方政府是在生态政绩和区域发展的目标下以生态保护为间接目标，市场主体和社会主体基于精神享受、组织使命、经济利益和文化依赖等将生态保护作为间接目标。无论是直接还是间接目标，国家公园生态保护都已成为各主体实现终极目标的选择之一。从机制设计视角来看，目标协同是协调主体目标激励相容的过程，重点是依靠机制组合统一个体利益与集体利益。因此，目标协同机制框架将以激励相容为标准，依托利益驱动和社会学习两个核心机制促进多元主体目标协同，期望沿革"利益驱动保

115

护—主体生态意识提升—社会学习交流—主体理念认同保护—形成协同网络"的路径完成从利益驱动个体保护向理念认同协同保护的过渡。

（一）利益驱动机制

利益驱动机制期望通过利益满足来驱动主体开展保护行动，培育弱势利益主体参与治理或联合治理的动力，让利益主体认识到国家公园或国家公园生态保护是与自己休戚相关的公共事务，从而为共建、共治、共享奠定动力基础。

1. 利益捕获转化

实现利益驱动机制需要在捕获国家公园生态保护效益的基础上，以适当途径转化为地方政府、特许经营者、社区组织和社区居民等主体所需求的政治利益、社会利益、经济利益和文化利益，其本质是国家公园生态价值的实现。如第三章所述，国家公园拥有最优质的自然环境条件和丰富的生态资源基础，但也需要以生态产品为纽带推动其生态价值的实现，主要包括生态补偿和市场交易两类路径（黄宝荣等，2020）。

国家公园生态补偿包括纵向、横向及其他生态补偿等形式，其中纵向生态补偿实践经验和形式最为丰富。纵向生态补偿的受偿和补偿双方具有垂向的隶属关系，如在三江源国家公园广泛推广的生态管护公益岗位制度、草原生态奖补政策和生态公益林补偿政策就属于纵向生态补偿。横向生态补偿的补偿与受偿双方是横向平等关系，不具有垂向的隶属关系，如三江源国家公园管理局建议长江、黄河和澜沧江的流域省份协同保护三江源生态环境，就是立足于横向生态补偿的一种策略建议。其他生态补偿是指资金来源不属于横、纵向财政资金，并且补偿方式为对口协作、产业转移和人才培训等非资金补偿的生态补偿形式（李款、何亮，2019）。

国家公园生态产品市场交易包括产业生态化、生态产业化、产权交易型等途径，特许经营是当前市场交易较为成熟的制度载体。产业生态化是以生态经济体系为主线，在国家公园适宜功能分区内对产业系统、自然系统和社会系统耦合优化，采用节能低碳环保技术改造传统产业。生态产业化是将生态系统看作资本要素投入市场运作，实质是利用国家公园的资源禀赋和生态环境，培育生态效益好的新兴产业，建立生态建设与经济发展之间良性循环的机制。产权交易型是通过产权赋能、赋利，使生态资源成为可抵押、可融资的生态资产，对生态产品的非市场价值进行转化，使其可以在市场内流动和交易，具备市场价值，比如，碳排放权、排污权、碳汇交易、水权交易等产品（范振林，2020）。由于国家公园属于全国主体功能区规划中禁止开发的区域，其自然资源开发利用受到严格限制，探索实现路径主要依托政府生态补偿和特许经营。

2. 利益协商分配

利益捕获转化是主体合作需要完成的首要步骤，转化后的利益协商分配是保证公平性原则、激励有效和多方共赢的关键步骤。可以说，利益协商分配是国家公园生态红利在可转化前提下主体协商规定利益获取的程度及形式，包含主体间利益协商分配和主体内部利益协商分配。传统地位、知识鸿沟和权益认识的差异都会在一定程度上阻碍主体信息交流和弱势主体利益表达，间接削弱了保护动力和保护合力，因此，利益分配要尽量在决策阶段协商出共识方案，并设置参与者必须遵守的正式规则，还要保证利益分配形式的多元对应。

从利益捕获转化的生态补偿和市场交易路径出发，通过生态补偿渠道获取的利益分配需要注意前端的标准协商核定和中端的补偿精准发放，避免因补偿标准不一和补偿错位而引发利益矛盾。通过市场交易渠道获取的利益分配需要重点关注市场主体与社区、社区居民等社会主体的利益关系，在产业生态化和生态产业化的过程中要适当向社区居民等弱势主体的权益表达倾斜；产权交易路径要在自然资源确权的基础上，按照核算规则和结果确定利益分配。总体而言，利益协商分配要在决策阶段制定透明和清晰的规则，如按劳分配、按资分配等，执行过程保证利益信息公开，防止强势主体对弱势主体的利益损害。此外，利益形式也可以依据地方特点和主体特征进行拓宽，"造血式"利益形式在可持续性方面会优于"输血式"利益形式，如就业岗位、职业技能、基础设施和社会保障等非资金形式。

（二）社会学习机制

社会学习理论是班杜拉（Albert Bandura）对行为心理学的发展，该理论认为主体、行为和环境在学习过程中是三元交互的关系，人的复杂行为主要是通过学习获得的，包括基于直接经验获取的学习和观察模仿而间接获取的学习。观察学习是社会学习理论的概念之一，即通过观察他人（或榜样）的行为，获得示范行为的象征性表象，并引导学习者做出与之相对应行为的过程（李晶晶，2009）。

社会学习是一个经过迭代式对话协商而凝聚共识的渐进性过程，主体通过互动参与和观察来学习和验证知识，并且同其他主体讨论达成一致意见，这被认为是推动范式转变、制度变迁、政策演变和集体行动的重要动力（昌业云，2011；崔晶，2013）。国家公园作为舶来品进入中国自然保护地体系，成为自然保护地体系整合优化的重要抓手，伴随而来的体制机制改革和理念认知变迁一系列认知层面的转变都需要社会学习机制提供动力。故障树分析结果显示，理念意识和协调能力等代表主体效用要素与信任、互惠和社会网络等代表的互动介体要素的不足是重要致险因子，增大了治理模式运行的风险概率。基于此，有必要设计相应的社会学习机制进行知识共享，在此过程中促进共同理解与共识、信任与合作关系，为决策优化、执行有效和监督评估奠定趋同的理念、知识和价值观基础，增进个人选择和集体选择的统一。

社会学习机制主要包括社会学习平台构建、动态知识分享和自我效能满足3个方面。学习平台构建是为主体互动和观察学习提供程序和载体，如部级联席会议、定期人员交流、小组会议等形式。学习平台可以基于固定程序和突发问题等构建不同的形式。前者可保障持续性的互动交流和知识的潜移默化，如定期学习小组和技能培训会等；后者是问题导向下的协商合作，如规划制定协商会等。动态知识分享是社会学习机制的主要目的，要求不同主体在学习平台中进行知识、经验和观点的分享交流，为促进理解、凝聚共识和集体行动奠定基础（翟军亮、吴春梅，2012）。自我效能满足是一种信念，关乎人控制外部环境、外部事件及其他因素对自身影响的能力（Bandura，1971），在人面临复杂、陌生环境和无法预测前景等困难情形时会产生作用。成功与失败的经验教训、外部语言劝导、自身心理情绪与自身生理状况都已经被证明是自我效能的重要影响因素，因此，在社会学习过程中，引导者、领导者以及国家公园生态保护倡导主体需要通过选择性奖励、警示性惩处、示范性宣传和适宜言语劝说等方式培育主体保护理念、生态意识和公共精神。

在政府主导治理模式中，战略决策层的政府主体要树立试点典型和示范案例，调动组织实施层的治理积极性；组织实施层和操作行动层的政府主体要依据自我效能理念，寻找适宜的手段工具动员社会主体和市场主体来参与。在多利益主体联合治理模式中，共治决策层的主体要搭建固定学习平台和程序，进行持续性的互动沟通和知识交流；选取进入共治决策层的社会主体和市场主体代表，要发挥榜样的力量，将决策化为日常行动，使委托者通过日常观察学习、认识和领会决策内容。总而言之，社会学习机制旨在促进主体互动，填补知识鸿沟，搭建信任桥梁，形成互惠规范，完善社会网络，继而以共识秩序推动生态保护集体行动和国家公园的共建、共治、共享。

二、行动协作机制框架

行动协作是目标协同的实现转化，是将利益驱动的意识和社会学习的知识转化为操作能力的过程。行动协作包括分工协作与协作分工两个维度，政府主导治理模式偏向于分工协作，政府主体借鉴和增进参与主体的行动优势；多利益主体联合治理模式偏向于协作分工，在决策协商过程中优化配置各主体的行动分工。从机制设计视角来看，行动协作是提高信息效率的途径，重点是依靠机制组合打破信息壁垒，完成主体间真实信息的传输，降低信息成本。因此，行动协作机制框架以信息效率为标准，依托信息共享机制和激励约束机制加强信息要素与信任资本对主体的联结，以信度提升效度。

（一）信息共享机制

信息共享机制是指通过优化整合各主体掌握的国家公园生态环境、业务数据和政务等客观信息，在法律规定的范围内对利益主体实现开放获取，进而克服跨部门、跨区域和跨组织治理面临的信息鸿沟，是决策公平科学、执行高效和监督有效的必由之路。

信息共享机制包括跨主体信息共享与主体内部的信息共享。跨主体信息共享机制侧重政府信息和企业信息的公开共享，可根据共享程度分为开放共享、依申请开放共享和有限度开放共享3类。政府的资源优势和信息网络决定其占据了信息高地，是国家公园治理信息的最大生产者和拥有者。与此同时，服务型政府的定位和信息网络技术的发展要求政府主体向市场主体和社会主体公开相关信息，信息公开制度也从法律层面赋予了市场主体和社会主体知情权。以特许经营者为代表的市场主体存在短期利益与长期利益、个人利益与集体利益的潜在冲突，公开相关信息是伙伴关系建立、企业自我监督和社会责任的需要。对于政府主导治理模式而言，跨主体信息共享机制有助于矫正政府作为治理主体的决策偏差及其导致的不公平和不科学问题，减少决策执行的信息障碍，并为外部监督提供保障。对于多利益主体联合治理模式而言，跨主体信息共享机制有助于在决策阶段充分交流并凝聚共识，在执行和监督阶段防止机会主义行为，增强主体间的互信。

主体内部的信息共享机制侧重于政府主体和社会主体的信息共享。国家公园的跨行政区域情形和自然保护地历史遗留的部门分割问题给府际协作埋下了信息鸿沟隐患，但国家公园治理不能要求国家公园管理体系"孤军奋战"，必须联合地方政府及其职能部门，通过生态环境和区域特征的信息共享推动联动工作。对于政府主导治理模式而言，府际互动强调的"上传下达"和"左右逢源"，本质是基于信息共享的资源互助，结合管理机构的职能优势与地方政府的资源优势，形成国家公园带动下的生态效益、经济效益和社会效益的多赢局面。对于多利益主体联合治理模式而言，社会主体在共治决策层与操作行动层的纵向互动都隐含着委托方和代理方的信息流动，真实有效的信息共享既有助于反馈委托方的真实意愿，也有助于提高代理方的权威，防止纵向网络断裂导致的治理失灵。

此外，信息共享机制还包括共享后的反馈响应程序，通过听证会、信访和举报等制度机制确保公众意见和需求等信息得以共享。同时，还需要重点关注非主导治理主体与弱势利益主体的诉求反馈与响应渠道。政府主导治理模式要通过政府内部信息链条和政府外部信息链条来畅通操作行动层的诉求表达渠道，健全信访和诉讼等正式反馈制度，培育科研专家和社会组织聚合提炼诉求表达的能力。多利益主体联合治理模式要充分发挥科学委员会信息汇合传达的枢纽作用，赋予科学委员会相应的质询权与表达权。

信息共享机制需要根据不同国家公园的本底情况和发展情景明确信息共

享的范围，依托现代化信息技术和区域既有基础建设信息联动平台和公众诉求平台完善各主体的信息通报与报告程序，通过正式和非正式规则强化信息共享的权责。

（二）激励约束机制

激励约束机制是利益主体根据治理目标、主体行为规律，通过奖惩并行的方式来激发行动协作的动力、规范主体的行为，让利益主体有秩序地投入到集体行动中。国家公园激励约束机制在治理及协同目标的引导下，设定绩效评估体系，并据此建立奖惩规则，通过生态保护成效与资金分配挂钩实现公平有效。首先，目标确定是责任赋予，结合国家公园本底条件与发展规划制定具体目标，为激励约束机制设定方向。其次，绩效考核是标准制定与评估过程，是激励与约束的依据。最后，适宜的奖励行为能够提高利益主体的积极性，严格的监督问责体系可在一定程度上体现公平，防范机会主义行为，确保执行与监督环节的顺利实施。

在政府主导治理模式中，战略决策层制定国家公园体系的宏观发展目标，组织实施层细化目标，明确评估标准、激励措施与责任主体，操作行动层确定执行个体，该过程要求保障利益主体的知晓权和参与权。执行与监督环节并联开展，该过程要求吸纳市场和社会主体的参与执行和监督，补充政府主体的能力缺失与不足。在固定程序结束后，按照决策协商的标准开展绩效评估，并基于评估结果落实奖罚措施。在该模式中，战略决策层与组织实施层应该配套激励资源，压实责任，落实上一层级的监督管理职责。在多利益主体联合治理模式中，多元共治层制定国家公园目标、评估标准、激励措施与责任主体，并交予元治理层和科学委员会审核公布，保证其权威性与合法性。为了保障该模式倡导的相互监督作用，多元共治层可为操作行动层提供"集体奖"，实现目标后，参与行动的个体或群体可获取资金、名誉或其他奖励。

为了防止激励错位和问责空心，激励约束机制需要针对不同层级的主体需求制定多元化和针对性的奖罚体系，注重物质激励与非物质激励并重，制定融合法律责任、行政责任、经济责任和道德责任的柔性与刚性责任体系，形成内外监督结合、多样责任形式、多元主体担责的权责共担氛围。

第五章 大熊猫国家公园体制试点的
治理机制研究

本书第四章根据治理运作机制的核心致险因子设计了我国国家公园的治理保障机制框架,以保障治理模式的高效运行。本章将大熊猫国家公园作为案例区域,结合区域生态、社会和经济等具体情况,选择和嵌套所构建的治理模式,并对治理机制的细化落实提出具体建议。

第一节 大熊猫国家公园简况

一、地理位置

大熊猫国家公园体制试点①位于四川盆地与秦岭地区,地理坐标为东经102°11′10″~108°30′52″,北纬28°51′03″~34°10′07″。大熊猫国家公园体制试点(以下简称大熊猫国家公园)跨越四川省、陕西省和甘肃省,涉及秦岭、岷山、白水江和邛崃山—大小相岭4个片区,区域面积划定为27134平方千米。

岷山片区和邛崃山—大小相岭片区位处四川省域内,面积为20177平方千米,约占国家公园总面积的74%。秦岭片区位于陕西省域内,与其他3个片区存在一定的地理距离,面积为4386平方千米,约占国家公园总面积的16%。白水江片区位于甘肃省域内,面积为2571平方千米,约占国家公园总面积的10%(见图5-1)。

---

① 本书调研与写作期间,大熊猫国家公园还未正式设立,仍为大熊猫国家公园体制试点。

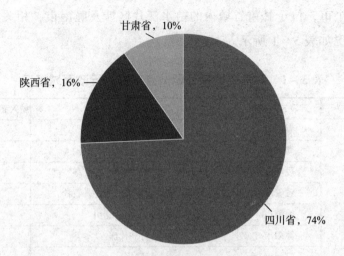

图 5 - 1　大熊猫国家公园面积比例

二、自然生态概况

（一）地形地质

大熊猫国家公园地处秦岭、岷山、邛崃山和大小相岭山系，是滇藏地槽区的松潘—甘孜褶皱系和昆仑—秦岭地槽区的秦岭褶皱系的交界带，历史上遭受过多次地震、暴雨、滑坡和泥石流等自然灾害。

（二）动植物资源

大熊猫国家公园内森林面积接近 20 万平方千米，森林覆盖率达 70% 以上。区域内生物多样性富集，已发现多种国家一级和二级重点野生动植物资源，包括红豆杉、独叶草等 45 种重点保护野生植物和大熊猫、川金丝猴和朱鹮等 116 种重点保护野生动物，具有极高的生态价值。

三、社会经济概况

（一）片区概况

位于四川省域内的岷山片区和邛崃山—大小相岭片区涉及眉山、阿坝、成都和雅安等 7 个市/州，位于陕西省域内的秦岭片区涉及宝鸡、汉中、安康和西安 4 个市，位于甘肃省域内的白水江片区涉及陇南市，相关行政区域与面积概况如表 5-1 所示。

表 5-1   大熊猫国家公园试点范围的行政区域概况

涉及省	涉及市（州）	涉及县（市、区）	纳入面积/平方千米
四川省	眉山市	洪雅	612
	阿坝州	汶川、茂县、松潘、九寨沟	5964
	成都市	崇州、大邑、彭州、都江堰	1459
	雅安市	天全、宝兴、芦山、荥经、石棉	6219
	绵阳市	平武、安州、北川	4560
	德阳市	绵竹、什邡	595
	广元市	青川	868
陕西省	宝鸡市	太白、眉县	1709
	汉中市	佛坪、洋县、留坝	936
	安康市	宁陕	910
	西安市	周至、鄠邑	831
甘肃省	陇南市	文县、武都	2571

岷山片区依赖岷山山系，约有 656 只野生大熊猫，是野生大熊猫数量最多的区域。邛崃山—大相岭片区，野生大熊猫数量为 549 只。秦岭片区依赖秦岭山系，分布着秦岭亚种大熊猫，野生大熊猫数量约为 298 只。白水江片区位于甘肃省陇南市，分布着 111 只野生大熊猫。

（二）人口构成

大熊猫国家公园共涉及 151 个乡镇，包含四川省的 119 个，陕西省的 18个和甘肃省的 14 个。区域户籍人口数如图 5-2 所示，四川省人数最多，约占 74%；甘肃省人数次之，约占 19%；陕西省人数最少，约占 6%。此外，大熊猫国家公园的民族文化多元，分布着藏族、羌族和彝族等少数民族。

（三）经济收入

大熊猫国家公园区域的收入水平总体偏低，位于四川的北川县、平武县、青川县、汶川县等，位于陕西的宁陕县、佛坪县、洋县等和位于甘肃的文县和武都区等 16 个县（区）都被划定为集中连片特殊困难县。

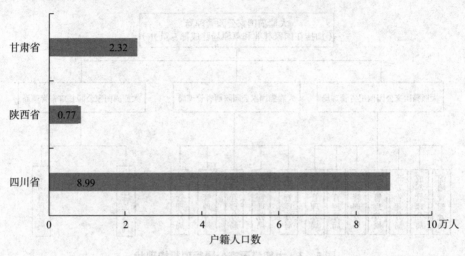

图 5-2 大熊猫国家公园人口构成

（四）产业结构

大熊猫国家公园分布区域的经济产业结构较为单一，矿山开采和水力发电等资源开发型产业是地方财政收入的重要来源。

四、管理机构概况

2016 年至今，大熊猫国家公园已经完成《体制试点实施方案》规定试点任务的 90%，基本建立起统一的管理体制，建成如图 5-3 所示的大熊猫国家公园管理机构体系，构成管理局、省级管理局、管理分局和保护站点的垂直管理系统。其中，国家公园管理局依托国家林业和草原局驻成都森林资源监督专员办，成立于成都市；省级管理局分别与四川省、陕西省和甘肃省的林草部门合署办公，接受国家林业和草原局和三省省政府的双重领导。在跨省级部门合作方面，国家林业和草原局和三省制定了由领导人负责的小组协调机制，跨省域层面建立了由国家林业和草原局副局长牵头的大熊猫国家公园体制试点协调工作领导小组，省域内建立了由分管省领导牵头的领导小组。另外，大熊猫国家公园对原有区域内的自然保护地管理机构整合精简，分区组建了 14 个管理分局，并下设若干个管理站点。

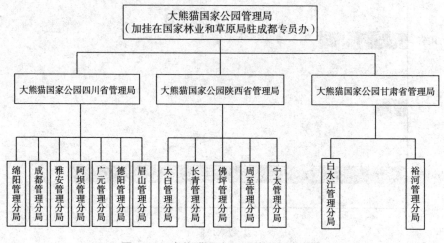

图 5-3　大熊猫国家公园管理机构现状

第二节　大熊猫国家公园治理模式的选择与嵌套

一、多元主体关系分析

　　大熊猫国家公园是最初确立的国家公园体制试点之一，围绕生态、科研、教育和游憩功能不断探索，在跨区域管理体制、决策咨询机制、联合行动和司法协作等方面取得了一定成效（李晟等，2021）。大熊猫国家公园跨越 3 个省份和 12 个市区，根据保护区域自然条件和行政管理特性划分为 4 个片区，涉及利益主体种类和数量较多且关系复杂。中央政府、地方政府、各层级国家公园管理机构、经营者、社区居民是大熊猫国家公园治理的核心利益主体，具体包括国家公园管理局，大熊猫国家公园管理局，陕西、四川和甘肃 3 个省级管理局，14 个管理分局及若干站点，陕西、四川和甘肃省级政府，陕西、四川和甘肃基层政府（市县地方政府），特许经营者和社区居民；社区组织、社会组织、访客、科研工作者、志愿者是大熊猫国家公园治理的非核心利益主体。虽然生态保护是多元主体的共同诉求，但不同主体的核心诉求因其权责不同而存在差异（见图5-4）。

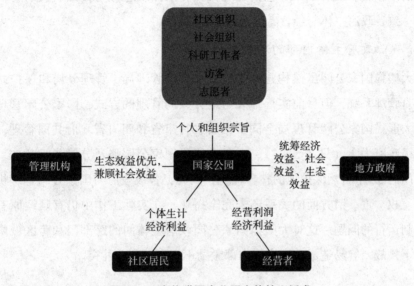

图5-4　大熊猫国家公园主体核心诉求

国家公园管理机构是公权赋予的保护者角色，包括国家公园管理局、大熊猫国家公园管理局、省级管理局和若干管理分局，肩负以生态保护功能为核心的职责，核心诉求是生态保护优先，基于科研、游憩和教育等功能，兼顾社会效益。地方政府，包括省级地方政府和基层地方政府，要在中央政府的要求下协助管理国家公园，并基于委托代理责任肩负地方经济和社会发展的责任，其核心诉求是将生态保护与地方经济社会发展统筹兼顾。社区居民是经济理性人个体，在大熊猫国家公园所处地区经济水平落后的情况下，社区居民以生计为核心诉求。经营者是市场主体，以经营利润为目标的经济效益为核心诉求；值得注意的是，经营者包含国家公园特许经营者与原核心区的经营者，如水电站开发者和矿业开采者等。社区组织、社会组织、科研工作者等其他非核心利益主体，出于个体动机和组织宗旨，期望完成组织目的、科研任务、游憩享受与志愿贡献，核心诉求以社会效益居多。

基于核心诉求的差异，不同利益主体在国家公园建设与发展过程中会遭遇利益摩擦与利益冲突，并阻碍其形成生态保护集体行动。根据调研访谈的分析结果，大熊猫国家公园的利益摩擦与利益冲突主要表现为政府主体内部的激励不相容、政府主体（包括管理机构和地方政府）与社区居民的补偿供需不一致、政府主体与经营者的退出意愿不统一。

（一）政府主体内部的激励不相容

大熊猫国家公园虽然构建了管理局、省级管理局、管理分局和保护站点的垂直管理系统，但目前实行中央与地方共同管理的方式，国家公园管理局及其大熊猫国家公园管理局会同陕西省、甘肃省和四川省政府共同管理，并以省级政府为主（见图5-5）。由于大熊猫国家公园涉及分属各级政府、各个部门的82个自然保护地的整合优化，因此，各级政府与国家公园管理机构在人、权、责、财方面的关系还未完全捋顺，在实际工作中仍有延续原有管理机制运行的问题。这对大熊猫国家公园政府主体间的跨部门和跨区域协作提出了挑战，容易造成政府主体内部激励不相容的利益冲突。

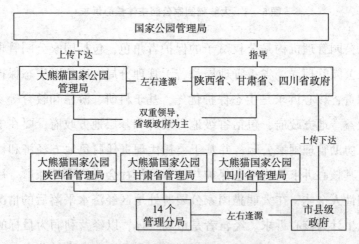

图5-5　大熊猫国家公园体制试点政府间关系

在对省级国家公园管理局和国家公园管理分局工作人员的访谈中，问及"您认为国家公园与自然保护区有什么区别""国家公园的建立给您的工作带来了哪些不同"等问题时，笔者发现省级管理局和管理分局工作人员不仅对国家公园的内涵认知不一，甚至有部分管理分局工作人员存在国家公园即面积大的保护区的表象认知。此外，部门工作人员多停留在原管理体制的认知内，缺乏与正在整合的邻近保护地"一体化"管理的概念，这并不利于统一管理体制与跨区域协调机制。与此同时，国家公园管理局工作人员普遍感到责任与权利的不匹配，目前，国家财政没有针对大熊猫国家公园建立专项账户，支出以天然林保护工程财政资金（简称天保资金）为主，但不同的保护地类型又存在资金配置不一的情况。例如，白水江片区的白水江管理分局与裕河管理分局曾经分别隶属甘肃省林业厅和陇南市林业局，所获取的配置资金的方式目前仍存在一定的路径依赖，虽然同属一个片区，但存在资金来源及数量差异。加之试点区域经济发展落后，地方财政资金难以支撑国家公园整合优化与初期建设的支出，打桩定标、资源确权登记、生态保护修复工程等工作的开展都受到了资金不足的影响。因此，大熊猫国家公园在资金配置方面存在巨大缺口，在一定程度上影响了政府间的利益协调。

（二）政府主体与社区居民的补偿供需不一致

在佛坪管理分局和白水江管理分局的调研中，在"平时工作是否经常接触周边村镇百姓"，"与周边百姓关系如何"等问题上，调查发现两个片区曾经在全球环境基金（GEF）的组织下开展过社区共管工作。在此工作中，管理分局（原佛坪、白水江自然保护区管理局）已经与社区居民建立了良好的合作关系，社区居民认同自然保护工作。由于地震搬迁和精准扶贫工作等政策辅助，两个片区在生态搬迁这一工作中的冲突较少，大量社区居民因自身安全及生活便利性，在国家公园建立前已经自愿搬出核心区。然而，人兽冲突及野生动物肇事补偿不到位是目前大熊猫国家公园内社区居民与政府主体存在利益冲突的关键点，区域内黑熊、野猪等野生动物肇事的频繁性与补偿资金的严重不足已经成为社区冲突的潜在导火索。

（三）政府主体与经营者的退出意愿不统一

大熊猫国家公园在体制试点期间共有矿业权 263 处、各类水电站 347 座、旅游经营机构 1107 个等，存在工矿企业退出的硬性任务，这会在短期内对当地的经济收入和社会就业等经济效益、社会效益产生一定影响。在白水江片区调研中，在"国家公园的工矿业企业退出工作是否有困难""存在哪些困难"等问题上，调查发现，工矿业企业的退出工作由当地政府与管理机构协作进行，目前主要采取强制和管制措施，这影响了个别企业法人的生计收益，地方信访隐患突出，但目前尚未出台更完善的处理对策。

二、治理模式选择

（一）评估指标体系

治理模式与本底条件的配套性是实现善治的首要因素，由自然条件和社会情境所组成的本底条件不仅决定治理模式的维持与改变，还在一定程度上作用于治理结果（Bodin，2017）。适宜的治理模式可实现自然本底与社会情境的有效联结，影响国家公园治理目标的实现进程。为构建有利于大熊猫国家公园可持续发展的治理模式，本书将依据大熊猫国家公园社会—生态系统的本底条件，在政府主导治理模式和多利益主体联合治理模式中进行选择。由第四章的模式适用条件分析可知，当国家公园保护区域面积偏小，生态系统服务功能完善且处于理想稳态时，生态保护需求压力相对较小；若地方政府、特许经营者和社区等主体所对应的行政能力、运营能力、社会资本以及生态保护意愿能够促进其形成生态共同体，则可以实施多利益主体联合治理模式，能够以较低的运行成本实现公平决策、有力执行和有效监督。当国家公园保护区域面积较大，需要大范围、长时期地实施自然恢复或生态修复工程时，生态保护需求压力相对较大；若地方政府、特许经营者和社区等主体所对应的行政能力、运营能力、社会资本以及生态意识不能促进其形成生态共同体，但中央政府有较强的领导能力、统筹能力、协调能力和支持能力能够给予可持续的外部支持，可以实施政府主导治理模式，能够依靠中央政府权威来吸纳、平衡和协调治理格局，调动不同主体的生态保护积极性。

由此可见，治理模式的选择与匹配同治理客体的面积规模、恢复力和稳定性，治理主体的合作保护意愿、治理能力密切相关。为了清晰地展示治理模式选择过程与匹配程度，本节构建了包含客体自然条件与主体社会情境两个维度的评估指标体系，为治理模式的选择提供客观依据，如表 5 - 2 所示。

表 5 - 2　治理模式选择的评估指标体系

维度	一级指标	二级指标
自然条件	国家公园范围	大熊猫国家公园面积
	物种保护情况	旗舰物种（大熊猫）野生数量
	生态系统服务功能	生境质量指数
		水质净化功能
		碳储存功能
		土壤保持功能
社会情境	地方政府能力	地方政府财政一般预算支出（省级）
		地方政府财政环境保护支出（省级）
	区域农户环境关注度	农户保护意识与行为
		农村居民人均可支配收入（市/州）
	合作与冲突历史	是否跨省级行政区域并开展过联合行动
		是否开展社区共管项目
		是否有冲突事件

自然条件维度的指标设置，目的在于大致判断治理客体区域生态系统情况，通过国家公园保护范围、物种保护情况、生态系统服务功能三方面对大熊猫国家公园区域生态系统的恢复力、稳定性和区域生态系统修复工程的需求状况进行评估。其中，运用"大熊猫国家公园面积"指标来表征国家公园生态保护范围，通过与其他国家公园（试点期间）的面积对比来判断大熊猫国家公园的面积大小，数据来源于《大熊猫国家公园总体规划》（征求意见稿）（国家林业和草原局，2019）。运用"旗舰物种（大熊猫）野生数量"来表征大熊猫国家公园物种保护情况，判断物种保护的难度，数据来源于《大熊猫国家公园总体规划》（征求意见稿）所引用的《第四次大熊猫调查报告》中的有关数据（国家林业和草原局，2019）。运用"生境质量指数、水质净化功能、碳储存功能、土壤保持功能"来表征大熊猫国家公园区域的生态系统

服务功能状况，判断生态系统服务功能的完善程度，数据来源于文献《基于In VEST 模型的生态系统服务空间格局分析》的结果（马双，2020）。

社会情境维度的指标设置，目的在于大致判断治理主体的治理能力与生态保护意愿，通过地方政府能力、区域农户环境关注度、合作与冲突历史三方面评估大熊猫国家公园地方政府治理能力、周边社区生态保护意识与态度、潜在合作的社会资本，即政府、市场和社会主体对所需治理意愿与能力、合作意愿与能力、生态保护意愿与能力的供给情况。其中，运用"地方政府财政一般预算支出（省级）、地方政府财政环境保护支出（省级）"两个指标来表征地方政府治理能力，由于管理资金在生态保护成本中占较大比例，直接影响决策的落地与实施，一般由中央或省财政支出（配套）。因此，本书用省级指标来表征地方政府治理能力，数据来源于《国家统计局数据库》。运用"农户保护意识与行为、农村居民人均可支配收入（市/州）"来表征区域农户环境关注度，对社区居民的生态保护意愿、态度与能力进行判断。"农户保护意识与行为"的数据来源于研究区域为大熊猫国家公园的既往研究（王昌海等，2010），上述研究基本以问卷调查和农户访谈等方式获取，本书所采纳文献得出的分析结果，用于判断区域农户保护意识与行为情况；运用"农村居民人均可支配收入（市/州）"来辅助判断社区居民的生态保护意愿与能力以及对生态红利转化的需求，只有区域农村居民收入状况满足基本生活需求，他们才可能有意愿或能力去关注美好生态需求和民主政治需求，相关数据来源于《中国城市统计年鉴》。运用"是否跨省级行政区域并开展过联合行动、是否开展社区共管项目、是否有冲突事件"3 个指标来表征合作与冲突历史，对利益主体的合作基础与社会资本状况作出初步判断（田玉麒，2017），其结果主要来源于既往研究（宋文飞等，2015；周悦，2016）、新闻报道，以及本研究于 2019 年 4 月、2019 年 7 月、2020 年 8 月分别在大熊猫国家公园岷山片区（原龙溪—虹口国家级自然保护区）及大熊猫国家公园成都管理分局、大熊猫国家公园秦岭片区（原佛坪国家级自然保护区、长青国家级自然保护区）及大熊猫国家公园佛坪管理分局、大熊猫国家公园白水江片区（原白水江国家级自然保护区）及大熊猫国家公园白水江管理分局开展的实地调研。

（二）自然条件

1. 国家公园面积

大熊猫国家公园总面积为 27134 平方千米，其中核心保护区为 20140 平方千米，占总面积的 74.22%。

表 5 – 3　国家公园体制试点面积对比　　　　　单位：平方千米

名称	总面积
三江源国家公园	123100
祁连山国家公园	52000
大熊猫国家公园	27134
东北虎豹国家公园	14612
海南热带雨林国家公园	4403
神农架国家公园	1170
武夷山国家公园	983
南山国家公园	636
普达措国家公园	300
钱江源国家公园	252

如表 5 – 3 所示，大熊猫国家公园面积广袤，居所有国家公园（体制试点）面积的第三位，仅次于地处青海省的三江源国家公园与地处青海省与甘肃省的祁连山国家公园，约为钱江源国家公园面积的 108 倍。保护地面积是生态保护成本核算的重要依据，包括管理成本与机会成本（王昌海等，2012；杨喆、吴健，2019）。大熊猫国家公园的面积大于大部分国家公园（体制试点），因此也会对应较高的管理能力要求。

2. 物种保护难度

大熊猫是我国国宝级野生动物，是大熊猫国家公园、中国乃至世界生物多样性保护的旗舰物种。虽然 2016 年 IUCN 将大熊猫的受威胁程度从"濒危"降成"易危"，但大熊猫栖息地孤岛分布所导致的种群割裂、地震和竹子开花等自然灾害还是对大熊猫的生存造成了一定压力（国家林业和草原局，2019）。目前国家公园试点区域内有 18 个大熊猫区域种群，面临种族灭绝风险（规模小于 30 只）的约为 10 个。灭绝风险较小的其他种群（大于 30 只）

多分布于大相岭中部和岷山南部，因种群密度较低和汶川地震的影响，保护形势紧张。因此，大熊猫国家公园以种群保护、栖息地修复和生态廊道建设为重点的生物多样性保护仍然任重道远（国家林业和草原局，2019）。

3. 生态系统服务功能

本章借鉴马双（2020）基于 In VEST 模型对大熊猫国家公园生态系统服务评估的研究结果来判断大熊猫国家公园的生态系统服务功能现状。生态系统的碳储存服务功能在调节气候变化方面具有一定意义；大熊猫国家公园总体具有较高的碳储存能力，2018 年总碳储量约为 56.4×10^7 吨，多林地分布的东部地区高于西部地区，秦岭片区、白水江片区和岷山片区的碳储存服务功能相对较好。土壤保持功能对于防止泥沙堆积、水土流失和洪涝灾害等方面具有重要作用；大熊猫国家公园土壤保持功能整体呈现从中部向南北两头递减的趋势，秦岭片区的土壤保持量总体处于低值。水质净化功能针对氮、磷输出总量，其值越高水质净化功能越差，大熊猫国家公园的氮负荷与磷负荷的高值分布在中部区域、西南部少数区域地区以及秦岭片区东南部。生境质量指数是利用单位面积上不同生态系统类型在生物物种数量上的差异来表示的，2018 年数据表示大熊猫国家公园普遍生境质量较高，仅雅安市、阿坝州汶川县南部、成都市大邑县与崇州市交界地带生境质量指数为 0.4 ~ 0.6，其余地区生境质量指数均为 0.8 ~ 1，土地类型对生境质量有一定影响。

4. 小结

大熊猫国家公园面积广袤；旗舰物种具有国家代表性，但生存形势不容乐观；生态系统服务功能总体良好，但存在一定差异性。由此推断，大熊猫国家公园的生态保护工作势必需要投入大量的人力、物力和财力资源，并因旗舰物种受到更广泛的瞩目。与此同时，由于生态系统服务功能的差异，还需要在总体部署中考虑个性差异的协调及因地制宜，对治理主体的统筹协调能力要求较高。

（三）社会情境

1. 地方政府能力

地方政府能力，尤其是人力、物力和财力等资源的配套情况，是选择治理模式的重要依据之一，薄弱的地方政府能力会在一定程度上影响保护效果。本书采用2018年省级政府财政一般预算支出、省级政府财政环境保护支出表征地方政府的财政能力。如图5-6所示，大熊猫国家公园所在的行政区域的地方财政能力总体较弱，陕西省与甘肃省的财政支出和环境保护支出均低于全国省级平均值，仅四川省高于平均值，并显示出与其他省份的较大差距。

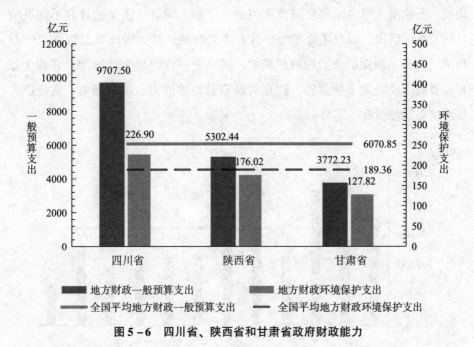

图5-6　四川省、陕西省和甘肃省政府财政能力

2. 区域农户环境态度与行为

区域农户的环境关注度在一定程度上彰显了社区利益主体参与治理或联合治理的主动性。既往研究发现，大熊猫国家公园内的农户对自然资源有强烈的生计依赖，并对保护区域社会—生态系统的可持续运转产生了不利影响（王昌海等，2010），农户对自然资源的直接和过度依赖、习惯、人类活动以及偷猎活动等非环境行为对国家公园保护产生了直接威胁（李浩等，2016）。虽然保护区及周边农户表达出较高的环境保护态度及意识，但与环境保护行为间还存在一定的"知行鸿沟"（周婷、李霞，2015；谭宏利等，2019）。此外，相关研究显示，保护地周边农户经济收入的增加不仅会降低其对自然资

源的需求，还会增加其参与保护意愿（王昌海，2014；宋莎等，2016），因此，提高农户经济收入能在一定程度上缓解农户生计与生态保护的利益冲突，并提升农户的环境关注度、主动保护和治理积极性。

本书选取国家公园试点范围的市级农村居民人均可支配收入来表征区域范围农户的经济状况。如图5-7所示，多数城市的农村居民收入低于全国平均线，反映出大熊猫国家公园范围内的农户收入问题。在保护红利不能反哺社区及社区居民，农户还处于为生计奔波的时期，社区居民难以依靠"一腔热情"保持主动保护及治理的积极性，需要进一步引导生计转型，完善生态补偿及野生动物肇事补偿等，这也对政府的财政能力、协调能力、宣传能力和经济布局能力有一定要求。

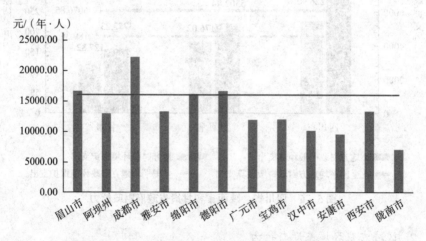

元/（年·人）

农村居民人均可支配收入 —— 全国平均农村居民人均可支配收入

图5-7 大熊猫国家公园区域内的农村居民经济收入情况

3. 合作与冲突历史

合作与冲突历史是多元主体能否协作治理的初始条件，在一定程度上可以代表利益主体的社会资本状况。合作与冲突历史对治理影响具有两面性。成功的合作经历无疑有助于促进利益主体的参与热情，但利益主体间的紧张或对立关系可能会妨碍参与治理或联合治理，也有可能激发利益主体对治理的诉求，表达出更真实的意愿来促进合作（田玉麒，2017）。本书通过实地调研、新闻报道和学术文献 3 个渠道获取关于合作与冲突的历史资料。

（1）跨省级区域合作历史

至 2021 年 9 月，大熊猫国家公园已经开展了 3 次联合巡护行动，包括护林防火和反偷盗猎联合行动。行动主体包括广元管理分局、绵阳管理分局和白水江管理分局等国家公园管理体系机构，平武县和九寨沟县等地方政府林草部门，以及山水自然保护中心和相关社区等社会主体。行动范围以白水江片区和岷山片区为主。在白水江片区调研得知，位处甘肃省的白水江自然保护区在此前也与位处四川省的王朗自然保护区、唐家河自然保护区多次开展联合行动。秦岭片区和邛崃山—大相岭片区由于地理分割原因，参与联合行动较少，合作基础较白水江片区与岷山片区更为薄弱。

（2）社区合作历史

结合调研和文献可知，作为大熊猫国家公园组成部分的白水江自然保护区、长青自然保护区、佛坪自然保护区都在全球环境基金会（GEF）和世界自然基金会（WWF）的协助下开展过社区参与或社区共管项目，在原自然保护区单元积累了一定的社会资本。

（3）冲突历史

结合调研和文献分析可知，大熊猫国家公园试点范围内存在一定的冲突历史，主要表现为人兽冲突、限制访问冲突、土地利用冲突、利益分配不均冲突等（宋文飞等，2015；周悦，2016），搬迁冲突和信仰冲突相对较少。

4. 小结

大熊猫国家公园所在区域的省级政府能力有待进一步提升，且存在区域财政能力差异，至少在初期需要中央政府支持与协调；区域农户具有较高的环境保护意识与态度，但囿于现实经济收入的限制，在现实行动转化方面存在障碍，并造成了潜在冲突；大熊猫国家公园的合作历史主要存在于操作行动层面，尚未上升到跨省级行政区域的决策和制度层面，冲突历史以物质层面的利益冲突为主，正在通过社区参与或共管予以解决，但可持续的外部支持和能力建设成为合作可持续与冲突化解的关键因素。

综上所述，大熊猫国家公园所在区域尚未形成"生态共同体"，地方政府能力、共同意识和社会资本的供给均难以满足生态系统的资源需求和能力需求，因此更加适用于政府主导治理模式，更多地发挥中央政府的支持、协调和指导作用，在提高府际整体性的同时，吸纳和动员市场主体和社会主体参与治理。

三、治理模式嵌套

将大熊猫国家公园的要素填充至第四章构建的治理模式框架，构建大熊猫国家公园治理结构。国家公园管理局位于战略决策层，大熊猫国家公园管理局与四川省、陕西省和甘肃省政府位于组织实施层，大熊猫国家公园管理分局（含保护站）和所在区域基层政府位于操作行动层。国家公园管理局通过"告知"和"征询"的方式吸纳动员科研工作者与社会组织参与战略决策；大熊猫国家公园管理局协调四川省、陕西省和甘肃省政府，通过"告知""征询"和"伙伴关系"的方式吸纳动员科研工作者、社会组织和特许经营者参与组织实施；大熊猫国家公园管理分局（含保护站）协调区域所在基层政府，通过"告知""征询""伙伴关系"和"赋权"的方式吸纳动员访客、志愿者、科研工作者、社会组织、社区组织、社区居民和特许经营者参与操作行动。通过府际"条块"互动和吸纳参与主体互动，形成基于大熊猫国家公园的多元治理结构，如图5-8所示。

在治理过程中，国家公园管理局在法律法规框架内，代表国家享有和行使自然资源所有权和国土空间用途管制权，并负有制度政策供给、公共资源投入、领导规划、内部监督和吸纳动员的责任。大熊猫国家公园管理局是国家公园管理局的下属机构，需要向上反馈大熊猫国家公园治理进展，向下传达中央意志，协调四川省、陕西省和甘肃省克服跨行政区域壁垒，统一规划、协调行动、配置资源、解决矛盾，塑造整体性的大熊猫国家公园管理体系。省级地方政府及其相关机构要配合大熊猫国家公园管理局的统筹协调，履行地方生态政策制定、公共服务供给、地方社会管理、市场监管和配套资金投入等职责。大熊猫国家公园管理分局（含保护站

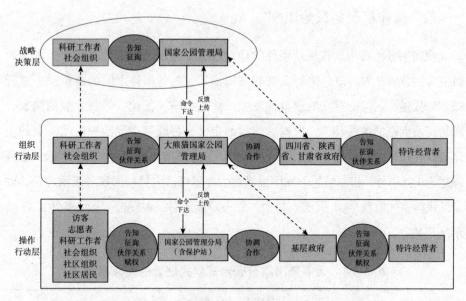

图 5−8　大熊猫国家公园的治理结构及运作机制

点）承担大熊猫国家公园的生态保护、自然教育与科研功能的实现工作，如日常巡护、生态监测、自然宣教、社区宣传和配合性的科学研究等。基层政府更多地负责国家公园周边的协调性工作，如联合巡防、矛盾调解以及国家公园公共服务、市场监管和游憩协调等具体事务。大熊猫国家公园管理分局与基层政府要提高吸纳动员参与主体的能力，两者配合完成生态移民搬迁、宣教协调和相关补偿的冲突化解工作，积极挖掘社会资本的自治、互助和相互监督作用，发挥"地方知识"和"非正式制度"的积极作用。

市场领域和社会领域的参与主体依据参与角色与身份履行相应职责，将国家公园生态保护融入生产生活。同时，也应该树立"生态共同体"和生态保护主人翁意识，响应不同层级政府的号召，合理认知和使用信息权、收益权、使用权和监督权等，树立保护与发展共生理念，参与保护与发展的活动，发挥外部监督和相互监督的作用，保持参与治理的积极性。

四、运作机制的风险识别

政府主导治理模式在现行条件的运行过程中存在一定的风险因素。本节通过故障树分析法对各事件进行关联和逻辑描述，对各事件之间的逻辑关系进行梳理和描述，对可能存在的顶事件发生风险进行演绎推论，寻找大熊猫国家公园治理所面临的薄弱环节。根据故障树的定义，将政府主导治理模式失灵的主体破碎化描述为顶事件，将决策环节风险、执行环节风险和监督环节风险的表现描述为中间事件，将总结的形成原因描述为底事件。大熊猫国家公园治理模式嵌套的风险事件如表5-4所示。其中，T 表示顶事件，Mi 表示中间事件，Xi 表示底事件。

表5-4 大熊猫国家公园治理模式嵌套的风险事件

顶事件 T：主体破碎化	
编号	中间事件
M1	决策环节风险
M2	执行环节风险
M3	监督环节风险
M4	治理决策科学性不足
M5	治理决策协调性不足
M6	治理决策公平性不足
M7	资源配置效益受损
M8	治理规划顶层设计缺失
M9	区域可持续发展能力不足
M10	区域共建共治共享理念缺失
M11	政府主体权责不清
M12	参与主体定位错误
M13	府际协调能力不足
M14	政府统筹能力不足
M15	激励机制不健全
M16	市场主体盈利空间有限

顶事件 T：主体破碎化	
编号	中间事件
M17	社区发展与保护矛盾显现
M18	社区居民或社区居民生计受损
M19	保护区域划分不合理
M20	治理行为有效性不足
M21	治理行为规范性不足
M22	治理计划落实困难
M23	治理行为协调困难
M24	主体目标分歧
M25	治理行为效费比过高
M26	治理成效评价体系不健全
M27	外部监督缺位
M28	内部监督失位
M29	外部监督力量薄弱
M30	参与主体监督反馈渠道缺失
M31	政府主体内部监督失序
编号	底事件
X1	主体间治理理念差异
X2	治理区域发展利益受损
X3	治理区域生态保护效果受损
X4	治理区域发展过度依靠政府财政支持
X5	治理区域资源开发失序
X6	治理主体工作制度不完善
X7	治理主体治理理念落后
X8	参与主体共建能力不足
X9	参与主体服务意识缺乏
X10	政府人员工作能力不足
X11	治理机构间协作运行效率低下
X12	治理决策传递偏差
X13	治理决策配套制度制定不合理
X14	生态补偿措施落实困难

顶事件 T：主体破碎化	
编号	底事件
X15	弱势群体利益受损
X16	特许经营种类与范围有待丰富与规范
X17	国家公园品牌效应不足
X18	分区设置精细化程度不足
X19	分区规划统一性与规范性不足
X20	社区居民活动范围受限
X21	社区居民受偿形式单一
X22	政府主体选择性执行
X23	政府主体执行方式单一
X24	参与主体机会主义行为
X25	地方政府生态保护意识淡薄
X26	财政资金稳定性不足
X27	参与主体积极性不足
X28	信息反馈渠道不畅通
X29	政府信息公开透明不足
X30	长短期利益冲突
X31	资源配置公平性不足
X32	治理成效评估手段单一
X33	治理行为评估专业性不足
X34	第三方监督力量缺乏
X35	外部监督制度缺失
X36	社会公众监督受区域限制
X37	监督信息反馈渠道不畅通
X38	参与主体监督意识不足
X39	内部问责体系不健全
X40	内部监督监测评估能力不足

大熊猫国家公园治理模式嵌套故障树，如图 5 - 9 所示。

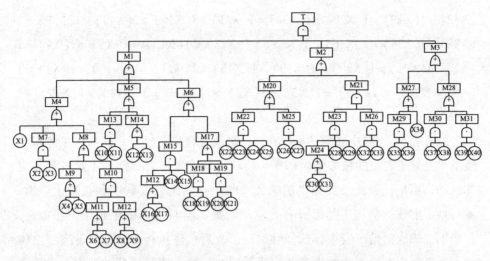

图 5 – 9 大熊猫国家公园治理模式嵌套故障树模型

大熊猫国家公园治理模式嵌套的故障树布尔表达式为

$[X1 + X2 * X3 + X4 + X5 + (X6 + X7) * (X8 + X9) + X10 * X11 + X12 + X13 + X14 * X15 * (X16 + X17) + X18 * X19 + X20 * X21] * [X22 * X23 * X24 * X25 + X26 * X27 + X28 * X29 * (X30 + X31) * X32 * X33] * (X34 + X35 * X36 + X37 * X38 + X39 * X40)$

大熊猫国家公园治理模式故障树模型的最小割集指的是，如果去除某底事件，系统风险不会爆发的输入事件集合是模型风险演化的最小路径，揭示了模型风险爆发的一般规律和基本形式。使用 FreeFta 软件，求得模式嵌套下的最小割集共 240 个。

经过故障树分析可知：

①故障树为横向结构。在横向结构下，系统面临的风险虽然涉及范围广，但影响程度较小。不易产生制度化问题，而易在操作层面出现各种各样的失误。

②故障树的最小割集数目为 240 个，如前文所示，一般最小割集对应的路径越多，面临的风险就越大。可见，在现行阶段，大熊猫国家公园面临更多样化的风险，需要设置更完善的治理保障机制进行风险防控。

大熊猫国家公园治理模式嵌套的结构重要度为

$I(X27) = I(X26) > I(X25) = I(X24) = I(X23) = I(X22) > I(X33) = I$

（X32）＝I（X29）＝I（X28）＞I（X34）＝I（X31）＝I（X30）＞I（X40）＝I（X39）＝I（X38）＝I（X37）＝I（X36）＝I（X35）＞I（X13）＝I（X12）＝I（X5）＝I（X4）＝I（X1）＞I（X21）＝I（X20）＝I（X19）＝I（X18）＝I（X11）＝I（X10）＝I（X9）＝I（X8）＝I（X7）＝I（X6）＝I（X3）＝I（X2）＞I（X15）＝I（X14）＞I（X17）＝I（X16）

结合表 5 - 4 对应底事件可以看出，财政资金稳定性不足、参与主体积极性不足是处于首位的核心致险因子，反映出政府主体财政能力不足与参与主体的动力不足，因此，大熊猫国家公园亟须寻找生态红利的利益转化渠道，减轻地方财政的负担，并形成有效驱动来提高参与主体的生态保护积极性。位于第二梯次的是政府主体选择性执行、政府主体执行方式单一、参与主体机会主义行为和地方政府生态意识淡薄，这反映出执行环节的地方政府治理能力及其所有主体的生态意识淡薄，并未形成生态共同体和生态保护主人翁意识，因此，需要通过社会学习机制来巩固利益驱动效力，并形成主体自发的生态意识与理念。此外，为提高地方政府治理能力，需要树立适宜的社会学习（模仿）对象，扩大地方政府互动范围，并通过自我消化转化为符合区域特征的治理知识与效能。位于第三梯次是治理成效评估能力与手段不足、信息公开与反馈渠道不健全，属于介体不良范畴。因此，大熊猫国家公园治理模式的平稳运作还需要借助行动协作机制框架的信息共享机制与激励约束机制，来加强监督、评估和信息等介体手段对主体效用提升的积极作用。

第三节　大熊猫国家公园治理保障机制的细化建议

为保障政府主导治理模式在大熊猫国家公园的平稳运行，本节针对区域自然条件与社会情境综合评估结果与故障树分析得出的 3 个梯次致险因子，提出目标协同机制框架和行动协作机制框架在大熊猫国家公园运行的细化建议。

一、以生态补偿和大熊猫品牌为核心，提升利益驱动效益

如第四章所述，利益驱动机制的重点在于国家公园生态产品价值的实现，

包括利益捕获转化和利益协商分配两个环节。利益捕获转化一般包括生态补偿和市场交易两类路径，目前，大熊猫国家公园存在生态产品价值实现程度低、市场化途径发展缓慢的问题（张丛林等，2020）。生态补偿路径方面，当前大熊猫国家公园生态补偿多采用以天然林保护工程为主的纵向补偿方式，补偿资金难以满足规模日益扩大的资金需求，分配还存在"级差配置"扭曲和"阶层配置"扭曲所导致的激励不到位或错位情况（宋文飞等，2015），削弱了利益驱动主动保护的内生动力。市场交易路径方面，大熊猫国家公园的生态产品具有显著的稀缺性和有限性，大熊猫国家公园管理局官网的生态体验专栏公布了蜂蜜、天麻、金丝皇菊、绿茶等生态农业产品以及入口社区和生态旅游等游憩方式，但尚未形成健全成熟的生态产业链，不具备规模效应和品牌增值效力。因此，大熊猫国家公园利益驱动机制的实现需要以健全生态补偿和建立大熊猫国家公园品牌为核心，提升利益驱动的效率和效度。

（一）健全国家公园生态补偿

国家公园生态补偿的健全需要多元化补偿资金和受偿方式。补偿资金来源方面，要倡导建立国家公园专项补偿资金，通过中央政府转移支付的方式加大补偿力度，弥补天保资金的薄弱与缺口，这是国家公园主体地位和大熊猫国家公园治理模式的要求。受偿方式方面，要对应受偿需求健全技能培训、就业指导、劳务输出和产销对接等多类型补偿渠道，通过生态移民安置区基础设施和公共服务建设，特许经营倾斜、设立生态产业基金等方式提高受偿方的自我"造血"功能。

（二）提升大熊猫国家公园品牌价值

大熊猫国家公园品牌增值是指大熊猫国家公园的生态产品要依托国家公园文化和大熊猫文化来完成产品的保值增值。大熊猫的"国宝"形象已经镌刻了一定的文化印记，具备了一定的国家代表性和公众认可度，因此，大熊猫国家公园的生态产品可借助大熊猫文化效应与国家公园生态效应实现品牌增值。此外，由于野生数量、游憩基础和宣传方式的原因，大熊猫国家公园在名片效应上存在片区差异，即带给四川省的名片效应远高于陕西省和甘肃省。大熊猫国家公园品牌增值可借鉴前述的沃特顿—冰川国际和平公园，统一大熊猫国家公园的品牌标志和宣传标识，借助四川省在大熊猫宣传方面积累的公众基础提升大熊猫国家公园的品牌认知度与认可度，继而建立以大熊猫文化为核心的国家公园生态产业体系。

二、以社会学习为手段，将生态理念凝聚为主体治理共识

如第三章所述，社会学习机制重点是促进理解与共识、信任与合作，为决策优化、执行有效和监督评估奠定趋同的理念、知识和价值观基础，主要包括社会学习平台构建、动态知识分享过程和自我效能满足 3 个方面。大熊猫国家公园跨越 3 个省级行政区域，社会—生态系统的区域间差异和周边农户"知行鸿沟"均不利于组织实施层和操作行动层的整体性治理。本书认为，大熊猫国家公园社会学习机制的实现要以扩大外部互动范围和促进学习者内部消化为核心。

（一）扩大外部互动范围

要扩大外部互动范围，就要依托丰富实用的学习平台和实质有效的知识分享。社会学习机制过程应基于不同学习目的、学习内容和参与人员，组建同层级、跨层级的多类型学习平台。例如，针对操作行动层公益生态管护的知识学习，需要吸纳具有科学保育知识的工作人员、生态管护在岗者以及长期生活在此的社区居民等，通过生物习性介绍、科学仪器讲授、本土经验交流和实地野外观测等方式实现知识分享。针对大熊猫特色小镇的建设规划探讨，需要大熊猫国家公园管理局构建学习平台，邀请具备丰富的生态旅游和自然教育策划经验、宣传经验、讲解经验的工作人员开展经验分享与答疑，并组织 4 个片区管理分局、特许经营者代表和其他代表共同协商。当然，社会学习平台的构建形式应该结合媒体技术与学习需求，更加多元化，不拘泥于会议、论坛和小组等常规形式。

（二）促进学习者内部消化

促进学习者内部消化是学习者经过观察模仿，能否将所分享的知识转变

为自我效能的关键，学习者的内部经验和外部刺激（如言语劝说、情绪状态）等都会影响学习者的内部消化程度。在大熊猫国家公园社会学习过程中，引导、倡导学习的主体应该通过竞争奖励、监督惩处和广泛宣传培育不同主体的生态保护理念意识和公共治理精神。位于战略决策层的国家公园管理局可广泛征集生态保护与区域发展共生案例，通过电视、网络和纸媒等方式在全国范围内分享经验，传播国家公园理念，提高典型公园的知名度；位于组织实施层的大熊猫国家公园管理局可通过绩效奖金、文明集体等形式激励不同片区管理分局加快国家公园建设步伐；位于操作行动层的管理分局可通过经济激励和文明称号等形式树立管护先进个人，提倡在岗者积极学习，认真开展管护工作。

三、优化整合信息要素，突破主体间信息壁垒

如第四章所述，信息共享机制有利于对不同主体掌握的信息要素进行优化整合，克服跨部门和跨区域治理面临的信息鸿沟，也可进一步促进主体间的互信互通互动。大熊猫国家公园信息共享机制的重点在于完善府际互动、政企互动和政社互动过程中的信息交互，实现路径包括政府信息公开、公众意见反馈响应和资源环境信息交互3个方面。

（一）政府信息公开

大熊猫国家公园管理机构应基于《中华人民共和国政府信息公开条例》编制信息公开管理办法，依据程序向社会公众主动或依申请公开国家公园政务信息，公开内容应包括机构职能信息、政策法规信息、规划计划信息、特许经营项目信息、财政资金信息、社会捐赠信息、工作动态信息、政府采购信息、人事信息和质询类信息、征询类信息等；公开渠道包括大熊猫国家公园管理局及分局官网、新闻发布会、纸媒报刊和会议论坛等。政府信息公开是动员吸纳社会主体和市场主体参与国家公园治理的首要步骤，也是决策公开公平、执行顺畅和外部监督有效的基础条件。为规避政府主导治理模式的决策不公平、不科学风险，以及其导致的执行风险，政府信息公开应涵盖决策前与决策后多环节。

(二) 公众意见反馈响应

政府信息公开与公众意见反馈是相辅相成的关系，信息公开是公众反馈的基础，政府响应是尊重公众和平等协商的前提，继而才有可能达成公众参与的实质目的。公众基于公开信息提出意见、建议、质询和举报，大熊猫国家公园管理机构应该在机构内部设立公众反馈渠道，与地方政府信访部门信息联动，依据程序公开、积极地响应公众意见与问题，严格规范国家公园的全民公益性属性，增强政府主体的公信力和执行力，通过参与、表达和监督等权利的保障让社会公众以民主方式实质性参与国家公园治理进程，有效促进决策公平科学、执行高效有力与外部监督到位。

(三) 资源环境信息交互

大熊猫国家公园管理机构、自然资源管理部门和生态环境部门应实现资源环境信息的共享，整合交互区域内外自然资源相关信息、空间管制信息、生态监测督查信息等，这是府际互动的基础条件。大熊猫国家公园管理局应该发挥"左右逢源"的协调作用，在机构内部设置大熊猫国家公园信息资源共享协调科室，构建资源与环境信息共享的业务数据库和集群管理平台，整合跨区域和跨部门导致的分散信息。

大熊猫国家公园可借鉴美国国家公园管理局于 2005 年建设的规划、环境和公众评议网。该网络平台包含内网通道和外网通道，实现了对国家公园规划项目的管理、内外交流和数据统筹（张振威、杨锐，2015）。大熊猫国家公园可基于大熊猫国家公园管理局网站建设 4 个片区所涉及的政府、部门信息资源，根据统一技术标准交互信息，实现不同口径业务基础数据库和集群管理平台的相互连接，将人口、资源与环境等基础数据整合应用。同时，该平台可依程序公开相关政务信息，并接受和响应来自内外部的反馈意见。

四、立足主体诉求与行为风险，实现集体行动激励

奥尔森在《集体行动的逻辑》中提出了用"选择性激励"方案来解决"搭便车"等集体行动的困境，即针对群体中不同类型的人，采取不同的激励

措施，通常有正向激励和负向激励两种方式。本书将正向激励定义为激励机制，将负向激励定义为约束机制，意在国家公园治理目标的引导下，将生态保护成效与奖惩机制挂钩，激励多元主体参与生态保护行动，约束多元主体的机会主义行为。

立足于第二节所提及的大熊猫国家公园采用的政府主导参与治理模式，大熊猫国家公园的激励约束机制应该围绕府际、政企、政社3组互动关系，以激励地方政府、社区居民和市场主体（资本）为重点，并综合运用法律责任、行政责任、道德责任和经济责任约束不同主体的机会主义行为。

（一）以生态富民强省为核心的地方政府激励实现

为防止激励错位或失灵，激励机制的设计与实现需要结合地方政府、社区居民和市场主体的利益诉求。大熊猫国家公园所在区域的农民经济水平和地方财政水平多处于全国平均水平以下，地方政府的利益诉求在于利用国家公园生态红利和品牌效应促进地方经济社会发展，因此，四川、陕西和甘肃地方政府的激励机制要以生态富民、生态强省（市、县）为核心，同时加大地方主政官员考核的"生态"比重。本书建议，地方政府应从以下方面对激励机制进行设计：①在全国范围内大力传播国家公园理念，根植国家公园价值，为国家公园生态产品市场交易铺设道路，为生态红利的区域转化奠定基础。②将国家公园生态保护成效与地方行政官员的考核挂钩，树立生态保护成效的正面典型，并基于绩效评估给予相应的行政、经济和宣传奖励。③大熊猫国家公园生态保护政策与所在区域的精准扶贫、乡村振兴和文旅规划建设相结合，促成政策合力，降低行政成本。例如，生态管护公益岗位可在平等条件下向贫困户倾斜；配合乡村生态振兴工作，在国家公园管理机构的社区宣传工作中融入农村生态环境治理理念，协助基层政府开展农村饮用水水源保护、垃圾分类处理、秸秆禁烧、养殖业和种植业污染防治等行动，加大社区环卫等基础设施建设力度；国家公园入口社区和特色小镇建设力争与地方文旅规划建设相衔接，合力打造国家公园生态旅游文化。

（二）以社区福祉为核心的社区居民激励实现

如图5-7所示，大熊猫国家公园所在市域的农村居民经济收入大多处于全国平均水平以下，且生计方式的强资源依赖在一定程度上阻碍了周边农户将生态保护理念转变为生态保护行为，社区居民利益诉求主要在于获得生计来源，提高生活质量。因此，针对大熊猫国家公园社区居民的激励机制要以提高社区居民生计收入、提升社区福祉为核心。本书建议，大熊猫国家公园应从以下方面激励社区居民：①健全长效生态补偿机制，包括建立科学补偿标准、完善补偿对象、拓宽投入渠道、健全补偿工作程序，特别要尊重社区居民作为环境服务交易主体的平等地位，标准设定的决策环节和补偿到户的执行环节应做到公开透明，并吸纳社区居民参与其中，改变"地方势力"在补偿过程中的不公平行为。除却必要的资金补偿，应结合社区居民的利益诉求，提供就业优惠、技能培训等"造血"补偿功能，解决社区居民的可持续生计问题。②在生态产业发展中赋权于社区居民。相关实证研究表明，生态旅游等产业通过雇用社区居民、经营农家乐和制作手工艺品有效提升了社区福祉和社区居民收入，但仍存在社区居民被动参与、收益分配不均等问题（温亚利等，2019；Ma et al.，2019）。因此，大熊猫国家公园生态产业发展应制定相应倾斜政策，让社区居民能以利益参与和决策参与等方式参与到生态产业的规划、运行和分配过程中，改变现行的被动参与和参与弱势现状，通过社区赋权增权解决收益分配不均和参与不足的问题。

（三）以合理收益为核心的市场主体激励实现

企业作为市场领域的利益主体，将围绕特许权与政府展开合作互动，不仅通过必要服务与设施的提供和完善来提升公众体验质量，还可借助市场主体的运营能力、资金运作能力和技术储备能力分担国家公园的运营资金压力和生态保护压力。市场主体的利益诉求主要在于获得合理的投资收益。因此，针对大熊猫国家公园市场主体的激励机制，要制定科学合理的利益分配规则，本书建议通过以下方式激励市场主体：①行政奖励手。依据绩效评估结果对市场主体进行奖励，达到预期绩效的市场主体将纳入政府合作储备库，作为典型案例进行宣传或给予资金奖励等。②经济政策激励。当实际销售收入低于特许经营协议规定的测算收益水平时，政府可给予特许经营费临时减免或差额补贴，在未来收入达到时进行返还。③金融政策优惠。在运行前期或阶段绩效评估合格后，市场主体可获取绿色金融的优惠政策，如低息绿色信贷、发行绿色债券等。上述激励机制是以市场资本回报为核心，但在政企合作互动过程中，要尊重双方权责，形成利益互惠、风险共担的意识。同时，企业环境责任与企业家精神的持续培育推广也将成为隐形激励因素，潜移默化地激励市场主体参与到生态保护的集体行动中。

（四）以多样化责任形式约束多主体风险行为

激励机制的实现方式要紧密结合主体利益诉求，约束机制的实现要立足主体行为风险，事前落实责任主体，内外监督防范，以问责和制裁方式实现约束落实。针对地方政府、社区居民和市场主体，要形成法律、行政、经济和道德责任体系，落实权益共享和风险共担。

地方政府的行为风险在于失位、错位和越位，以及以"寻租"和懒政惰政为代表的政府机会主义行为。在法律责任的基本约束下，可借鉴"河长制""林长制"等"项目制"治理经验，将国家公园生态保护责任分担到具有地方行政权威的政府主要领导肩上，借助行政权威提高地方政府的警觉性，解决国家公园管理体系在地方的权威缺失问题，降低府际互动的机会主义和不确定性。

社区居民的行为风险在于"事不关己"态度所导致的敷衍执行、对抗执行、"搭便车"执行以及外部监督缺位。在法律责任的基本约束下，社区居民可实行社区共管协议，选取社区代表以领导人角色实施监管约束，并培育和运用社区的社会资本形成监督氛围，从而压实社区居民的道德责任。

市场主体的行为风险在于追求经济利益而破坏国家公园生态环境，损害其他主体利益。在法律责任的基本约束下，国家公园管理机构要履行好监督管理职责，可通过预支保证金、环境污染赔偿等经济责任约束其机会主义行为。

第六章　结论

第一节　主要研究结论

国家公园建设是生态文明建设的重要组成部分，也是解决现有自然保护地发展难题和整合保护地体系的重要途径。在资源环境约束趋紧、自然保护地体系可持续发展受限的背景下，引入国际上广为接受并被证明行之有效的国家公园制度理念，构建以国家公园为主体的自然保护地体系是中国应对资源环境挑战和实现生态文明建设目标的关键举措。

在全球化治理运动与公共治理范式转变的影响下，我国国家公园及自然保护地体系的生态、经济和社会协调发展需要构建符合国情的国家公园治理体系，促使政府、市场和社会等多元主体投入到国家公园生态保护的集体行动中。

通过研究，本书主要得出以下结论：

第一，我国国家公园治理逻辑以"保护与发展"为起点，沿革历史逻辑—现实逻辑—行动逻辑的思路阐述和分析了中国国家公园的治理逻辑。分析得出，国家公园社会—生态系统的可持续运转需要锚定生态保护与区域发展的情境对象、培育生态保护与区域发展的共生关系、调和生态保护与区域发展的利益冲突。然而，上述治理策略必须满足治理系统、行动者、资源系统和资源单位不同维度的治理目标，行动选择的实现路径如下：建立适宜的治理系统，包括治理模式与管理体制，规范和激励多元主体在满足社区生计、游憩体验、自然教育、科学研究、地区经济和生态保护等个体目标的基础上，促进生态保护集体目标的实现。

第二，政府治理模式、共同治理模式、私有治理模式和社区治理模式是目前国际上主要的自然保护地治理模式，其中，政府治理模式是当前实践的主流，共同治理模式成为未来发展趋势。我国国家公园治理模式需要因地制宜地进行探索和创新。结合我国国家公园的治理逻辑，本书归纳了主体多元、公平性、协调性和动态调适 4 个治理模式构建原则，并在政府治理模式和共同治理模式（联合治理子类型）的核心概念上创新改进，构建了"政府主导下利益主体参与治理模式"和"多利益主体联合治理模式"，并详细阐述了两种模式的理念内涵和运作机制。

第三，"政府主导下利益主体参与治理模式"和"多利益主体联合治理模式"的运作机制会面临不同方面的风险与挑战。为保障多元主体各司其职与高效互动，本书从决策、执行和监督环节识别了两种治理模式运作的潜在风险，并通过故障树分析法梳理了风险原因事件与致险因子。结果显示，两种治理模式的核心致险因子具有高度共性，主要表现为意识淡薄、理念差异和动力不足。为防范和化解潜在风险，本书借鉴机制设计理论设计了包含目标协同和行动协作两方面内容的治理保障机制框架，通过培育动力、提升意识和统一理念来提高治理模式运行的有效性与稳定性。其中，目标协同机制框架以激励相容为准则，包含利益驱动机制和社会学习机制；行动协作机制框架以信息效率为准则，包含信息共享机制和激励约束机制。

第四，选择大熊猫国家公园体制试点作为国家公园治理体制研究的案例。首先，通过实地调研、文献归纳等方法对试点区域的生态、经济和社会基本情况进行了系统总结。其次，根据两种治理模式适用条件的分析结果，从自然条件和社会情境两个维度选取国家公园范围、物种保护程度、生态系统服务功能、地方政府能力、区域农户环境关注度、合作与冲突历史等指标构建了选择治理模式的评估分析体系。通过对选取指标的综合分析发现，政府主导下利益主体参与治理模式更加符合现阶段大熊猫国家公园治理的现实需求。最后，针对大熊猫国家公园治理过程中存在的问题和潜在风险，提出了治理保障机制框架的细化建议，主要包括：以生态补偿和大熊猫品牌为核心，提升利益驱动效益；以社会学习为手段，将生态理念凝聚为主体治理共识；优化整合信息要素，突破主体信息壁垒；立足主体诉求与行为风险，实现集体行动激励。

第二节 创新点与不足及研究展望

一、创新点

自 2013 年党的十八届三中全会提出建立国家公园体制以来，国家公园正式进入中国自然保护地体系。本书从多元视角出发，以国家公园治理机制为研究主题，依托公共选择理论、多中心理论、自主治理理论和机制设计理论，重点研究了我国国家公园的治理逻辑、治理模式和治理机制。主要创新点在于：一方面，基于 IUCN 归纳的自然保护地治理类型，构建了在我国具有可行基础的两种治理模式，并将多中心理论和自主治理理论关注的"制度多样性和分析层次性"理念融入国家公园治理模式的构建与分析过程；另一方面，依托故障树分析法识别出国家公园治理所面临的共性致险因子，基于机制设计理论的激励相容和信息效率理念，提出国家公园有效治理的保障机制框架。

二、不足及研究展望

本书的不足之处主要在于利益主体识别和案例分析数据两方面。一方面，本书从多元主体视角出发，明晰并细化了国家公园治理涉及的多元利益主体。然而，上述主体的确定和分析主要基于文献阅读和调研经验，未能结合专家打分和层次分析等方法综合评估和定量表达，加入该方面的研究有助于进一步增加研究信度与效度。另一方面，本书选择大熊猫国家公园（体制试点）作为案例区域，并通过实地调研、半结构化访谈和文献阅读等途径获取研究数据，但由于大熊猫国家公园面积广袤，本书未能通过上述方法获取更具体的一手数据，在一定程度上降低了案例分析的深入程度。

参考文献

［1］ ARNSTEIN N S. A ladder of citizen participation ［J］. Journal of the American Institute of Planners, 1969, 30 (4): 216 – 224.

［2］ ARNSTEIN S R. A ladder of citizen participation ［J］. Journal of the American Institute of Planners, 1969, 35 (4): 216 – 224.

［3］ BANDURA A. Social learning theory ［M］. New York: General Learning Press, 1971.

［4］ BODIN Ö. Collaborative environmental governance: achieving collective action in social-ecological systems ［J］. Science, 2017, 357 (6352) : EAAN1114.

［5］ BROWN K. Global environmental change I: a social turn for resilience? ［J］. Progress in Human Geography, 2014, 38 (1): 107 – 117.

［6］ CHHATRE A, AGRAWAL A. Trade – offs and synergies between carbon storage and livelihood benefits from forest commons ［J］. Proceedings of the National Academy of Sciences, 2009, 106 (42): 17667 – 17670.

［7］ DIETZ T, OSTROM E, STERN P C. The struggle to govern the commons ［J］. Science, 2003, 302 (5652): 1907 – 1912.

［8］ DUDLEY N. Guidelines for applying IUCN protected area categories ［M］. Gland, Switzerland: IUCN, 2013.

［9］ EAGLES P F J, ROMAGOSA F, BUTEAU – DUITSCHAEVER W C, et al. Good governance in protected areas: an evaluation of stakeholders' perceptions in British Columbia and Ontario Provincial Parks ［J］. Journal of Sustainable Tourism, 2013, 21 (1): 60 – 79.

［10］ HENRY H. The ownership of enterprise ［M］. Cambridge: Harvard University Press, 1996.

［11］HIND E J, HIPONIA M C, GRAY T S. From community – based to centralised national management—a wrong turning for the governance of the marine protected area in Apo Island, Philippines? ［J］. Marine Policy, 2010, 34（1）: 54 – 62.

［12］HOLLING C S. Understanding the complexity of economic, ecological, and social systems ［J］. Ecosystems, 2001, 4（5）: 390 – 405.

［13］HUANG Y, FU J, WANG W, et al. Development of China's nature reserves over the past 60 years: an overview ［J］. Land Use Policy, 2019, 80: 224 – 232.

［14］LEWIS S L, MASLIN M A. Defining the anthropocene ［J］. Nature, 2015, 519（7542）: 171 – 180.

［15］LIU J, DEETZ T, CARPENTER S R, et al. Complexity of coupled human and natural systems ［J］. Science, 2007, 317（5844）: 1513 – 1516.

［16］LOCKWOOD M. Good governance for terrestrial protected areas: a framework, principles and performance outcomes ［J］. Journal of Environmental Management, 2010, 91（3）: 754 – 766.

［17］MA B, YIN R, ZHENG J, et al. Estimating the social and ecological impact of community – based ecotourism in giant panda habitats ［J］. Journal of Environmental Management, 2019, 250: 109506.

［18］MARGERUM R D. A typology of collaboration efforts in environmental management ［J］. Environmental Management, 2008, 41（4）: 487 – 500.

［19］MATHEVET R, THOMPSON J D, FOLKE C, et al. Protected areas and their surrounding territory: socioecological systems in the context of ecological solidarity ［J］. Ecological Applications, 2016, 26（1）: 5 – 16.

［20］NAKAKAAWA C, MOLL R, VEDELD P, et al. Collaborative resource management and rural livelihoods around protected areas: a case study of Mount Elgon National Park, Uganda ［J］. Forest Policy and Economics, 2015, 57: 1 – 11.

［21］OSTROM E. A general framework for analyzing sustainability of social –

ecological systems [J]. Science, 2009, 325 (5939): 419 – 422.

[22] OSTROM E. Beyond markets and states: polycentric governance of complex economic systems [J]. American Economic Review, 2010, 100 (3): 641 – 672.

[23] OSTROM E. Governing the commons: the evolution of institutions for collective action [M]. Cambrideg: Cambridge University Press, 1990.

[24] PRADO D S, SEIXAS C S, FUTEMMA C R T. From self – governance to shared governance: institutional change and bricolage in Brazilian extractive reserves [J]. Environmental Science & Policy, 2021, 123: 106 – 113.

[25] PUTNAM R, LIGHT I, de SOUZA BRIGGS X, et al. Using social capital to help integrate planning theory, research, and practice: preface [J]. Journal of the American Planning Association, 2004, 70 (2): 142 – 192.

[26] HODES R A W. R. The new governance: governing without government [J]. Political Studies, 1996, 44 (4): 652 – 667.

[27] RUSS G R, ALCALA A C, MAYPA A P. Spillover from marine reserves: the case of Naso vlamingii at Apo Island, the Philippines [J]. Marine Ecology Progress Series, 2003, 264 (12): 15 – 20.

[28] SOVEREL N O, COOPS N C, WHITE J C, et al. Characterizing the forest fragmentation of Canada's national parks [J]. Environmental Monitoring and Assessment, 2010, 164 (1): 481 – 499.

[29] SU M M, WALL G, WANG Y, et al. Multi – agency management of a World Heritage Site: Wulingyuan Scenic and Historic Interest Area, China [J]. Current Issues in Tourism, 2017, 20 (12): 1290 – 1309.

[30] WILLIAMSON, OLIVER E. The new institutional economics: taking stock, looking ahead [J]. Journal of Economic Literature, 2000.

[31] WU J, WU G, ZHENG T, et al. Value capture mechanisms, transaction costs, and heritage conservation: a case study of Sanjiangyuan National Park, China [J]. Land Use Policy, 2020 (90): 1 – 12.

[32] BORRINI – FEYERABEND G，DUDLEY N，JAEGE T，et al. IUCN 自然保护地治理：从理解到行动 [M]．朱春全，李叶，赵云涛，等，译．北京：中国林业出版社，2016．

[33] 保继刚，左冰．旅游招商引资中的制度性机会主义行为解析：西部 A 地旅游招商引资个案研究 [J]．人文地理，2008（3）：1 – 6，91．

[34] 昌业云．浅析我国治理群体性事件的政策范式转换 [J]．国家行政学院学报，2011（1）：22 – 27．

[35] 陈涵子，吴承照．从风水林到国家公园：利益相关者集体行动的逻辑 [J]．中南林业科技大学学报（社会科学版），2019，13（5）：18 – 24．

[36] 陈劭锋，王毅，邹秀萍，等．可持续发展治理的一个理论架构 [J]．中国人口·资源与环境，2008，18（6）：23 – 29．

[37] 陈晓光．利益相关者视角下研究型大学治理机制研究 [D]．大连：大连理工大学，2016．

[38] 陈叙图，金筱霆，苏杨．法国国家公园体制改革的动因、经验及启示 [J]．环境保护，2017，45（19）：56 – 63．

[39] 陈雅如，韩俊魁，秦岭南，等．东北虎豹国家公园体制试点面临的问题与发展路径研究 [J]．环境保护，2019，47（14）：61 – 65．

[40] 陈耀华，黄朝阳．世界自然保护地类型体系研究及启示 [J]．中国园林，2019，35（3）：40 – 45．

[41] 陈耀华，黄丹，颜思琦．论国家公园的公益性、国家主导性和科学性 [J]．地理科学，2014，34（3）：257 – 264．

[42] 陈真亮，诸瑞琦．钱江源国家公园体制试点现状、问题与对策建议 [J]．时代法学，2019，17（4）：41 – 47．

[43] 褚添有．社会治理机制：概念界说及其框架构想 [J]．广西师范大学学报（哲学社会科学版），2017，53（2）：42 – 45．

[44] 崔晶．中国城市化进程中的邻避抗争：公民在区域治理中的集体行动与社会学习 [J]．经济社会体制比较，2013（3）：167 – 178．

[45] [英] 缪勒．公共选择理论 [M]．韩旭，杨春学，等，译．北京：

中国社会科学出版社，2010.

[46] 邓颖颖．菲律宾海洋保护区建设及其启示［J］．云南社会科学，2018（2）：140-147.

[47] 翟军亮，吴春梅．论社会学习框架下公共服务集体决策的优化：兼论公共参与难题的破解［J］．理论与改革，2012（2）：88-91.

[48] 丁煌．提高政策执行效率的关键在于完善监督机制［J］．云南行政学院学报，2002（5）：33-36.

[49] 丁煌．我国现阶段政策执行阻滞及其防治对策的制度分析［J］．政治学研究，2002（1）：28-39.

[50] 董雪，崔丽娟，李伟，等．汉石桥湿地自然保护区环境教育理论与实践［J］．湿地科学与管理，2015，11（1）：21-24.

[51] 范振林．生态产品价值实现的机制与模式［J］．中国土地，2020（3）：35-38.

[52] 高秉雄，张江涛．公共治理：理论缘起与模式变迁［J］．社会主义研究，2010（6）：107-112.

[53] 高吉喜，徐梦佳，邹长新．中国自然保护地70年发展历程与成效［J］．中国环境管理，2019，11（4）：25-29.

[54] 高明，郭施宏．环境治理模式研究综述［J］．北京工业大学学报（社会科学版），2015，15（6）：50-56.

[55] 耿松涛，唐洁，杜彦君．中国国家公园发展的内在逻辑与路径选择［J］．学习与探索，2021（5）：2，134-142.

[56] 龚廷泰，常文华．政社互动：社会治理的新模式［J］．江海学刊，2015（6）：154-159.

[57] 国家林业和草原局．大熊猫国家公园总体规划［EB/OL］．（2019-10-17）［2020-06-22］．http：//www.forestry.gov.cn/main/198/20191017/112323484463713.html.

[58] 何雷．公共资源合作治理机制研究［D］．厦门：厦门大学，2018.

[59] 何思源，苏杨，闵庆文．中国国家公园的边界、分区和土地利用管

理：来自自然保护区和风景名胜区的启示 [J]. 生态学报, 2019, 39 (4):
1318 - 1329.

[60] 何思源, 苏杨, 王蕾, 等. 国家公园游憩功能的实现：武夷山国家
公园试点区游客生态系统服务需求和支付意愿 [J]. 自然资源学报, 2019, 34
(1): 40 - 53.

[61] 何思源, 苏杨. 原真性、完整性、连通性、协调性概念在中国国家
公园建设中的体现 [J]. 环境保护, 2019, 47 (Z1): 28 - 34.

[62] 环境保护部. 中国生物多样性保护战略与行动计划：2011—2030
年 [M]. 北京：中国环境科学出版社, 2011.

[63] 黄宝荣, 马永欢, 黄凯, 等. 推动以国家公园为主体的自然保护地
体系改革的思考 [J]. 中国科学院院刊, 2018, 33 (12): 1342 - 1351.

[64] 黄宝荣, 王毅, 苏利阳, 等. 我国国家公园体制试点的进展、问题
与对策建议 [J]. 中国科学院院刊, 2018, 33 (1): 76 - 85.

[65] 黄宝荣, 张丛林, 邓冉. 我国自然保护地历史遗留问题的系统解决
方案 [J]. 生物多样性, 2020, 28 (10): 1255 - 1265.

[66] 贾丽奇, 杨锐. 澳大利亚世界自然遗产管理框架研究 [J]. 中国园
林, 2013, 29 (9): 20 - 24.

[67] 解钰茜, 曾维华, 马冰然. 基于社会网络分析的全球自然保护地治
理模式研究 [J]. 生态学报, 2019, 39 (4): 1394 - 1406.

[68] 金崑. 祁连山国家公园体制试点经验 [J]. 生物多样性, 2021, 29
(3): 298 - 300.

[69] 兰启发, 张劲松. 协同治理视角下国家公园体制建设的困境和路
径：以武夷山国家公园为例 [J]. 集美大学学报（哲学社会科学版）, 2021,
24 (1): 43 - 49.

[70] 李博炎, 朱彦鹏, 刘伟玮, 等. 中国国家公园体制试点进展、问题
及对策建议 [J]. 生物多样性, 2021, 29 (3): 283 - 289.

[71] 李晟, 冯杰, 李彬彬, 等. 大熊猫国家公园体制试点的经验与挑
战 [J]. 生物多样性, 2021, 29 (3): 307 - 311.

［72］李浩，陈良浩，何晓光．太白山自然保护区大熊猫生存威胁因素与保护对策浅谈［J］．陕西林业科技，2016（3）：54-57．

［73］李宏，石金莲．基于游憩机会谱（ROS）的中国国家公园经营模式研究［J］．环境保护，2017，45（14）：45-50．

［74］李晶晶．班杜拉社会学习理论述评［J］．沙洋师范高等专科学校学报，2009，10（3）：22-25．

［75］李静．我国食品安全"多元协同"治理模式研究［D］．南京：南京大学，2013．

［76］李款，何亮．推动国家公园生态价值化［N］．学习时报，2019-10-30（7）．

［77］李林蔚．论央地关系背景下我国国家公园管理制度的完善［D］．桂林：广西师范大学，2021．

［78］李群绩，王灵恩．中国自然保护地旅游资源利用的冲突和协调路径分析［J］．地理科学进展，2020，39（12）：2105-2117．

［79］李欣．东北虎豹国家公园EEEC复合系统协同发展研究［D］．哈尔滨：东北林业大学，2019．

［80］［美］赫维茨，瑞特．经济机制设计［M］．田国强，等，译．上海：格致出版社，2009．

［81］联合国经济和社会事务部．共同协作：可持续发展目标、整合办法与机制［M］．上海社会科学院信息研究所，译．上海：上海社会科学院出版社，2019．

［82］刘金龙，赵佳程，徐拓远，等．中国国家公园治理体系研究［M］．北京：中国环境出版集团，2018．

［83］刘伟玮，李爽，付梦娣，等．基于利益相关者理论的国家公园协调机制研究［J］．生态经济，2019，35（12）：90-95，138．

［84］刘一宁，李文军．地方政府主导下自然保护区旅游特许经营的一个案例研究［J］．北京大学学报（自然科学版），2009，45（3）：541-547．

［85］刘怡．社区保护地生态保护的显微荒野［N］．中国周刊，2017-12-

06 (12).

[86] 刘志敏, 叶超. 社会—生态韧性视角下城乡治理的逻辑框架 [J]. 地理科学进展, 2021, 40 (1): 95 - 103.

[87] 罗金华. 中国国家公园管理模式的基本结构与关键问题 [J]. 社会科学家, 2016 (2): 80 - 85.

[88] 吕志祥, 赵天玮. 祁连山国家公园多元共治体系建构探析 [J]. 西北民族大学学报 (哲学社会科学版), 2021 (4): 82 - 88.

[89] 马力宏. 论政府管理中的条块关系 [J]. 政治学研究, 1998 (4): 3 - 5.

[90] 马双. 基于 In VEST 模型的生态系统服务空间格局分析 [D]. 上海: 上海师范大学, 2020.

[91] 马童慧, 吕偲, 雷光春. 中国自然保护地空间重叠分析与保护地体系优化整合对策 [J]. 生物多样性, 2019, 27 (7): 12 - 18.

[92] 马炜, 唐小平, 蒋亚芳, 等. 国家公园科研监测构成、特点及管理 [J]. 北京林业大学学报 (社会科学版), 2019, 18 (2): 25 - 31.

[93] [美] 奥尔森. 集体行动的逻辑 [M]. 陈郁, 郭宇峰, 李崇新, 译. 上海: 上海人民出版社, 2014.

[94] 梦梦, 刘鑫, 赵英男, 等. 自然保护地环境教育实践与研究现状 [J]. 世界林业研究, 2020, 33 (2): 31 - 36.

[95] 苗鸿, 欧阳志云, 王效科, 等. 自然保护区的社区管理: 问题与对策 [C] //生物多样性保护与区域可持续发展: 第四届全国生物多样性保护与持续利用研讨会论文集 [M]. 北京: 中国林业出版社, 2000.

[96] 彭建. 以国家公园为主体的自然保护地体系: 内涵、构成与建设路径 [J]. 北京林业大学学报 (社会科学版), 2019, 18 (1): 38 - 44.

[97] 彭琳, 赵智聪, 杨锐. 中国自然保护地体制问题分析与应对 [J]. 中国园林, 2017, 33 (4): 108 - 113.

[98] 秦天宝, 刘彤彤. 央地关系视角下我国国家公园管理体制之建构 [J]. 东岳论丛, 2020, 41 (10): 162 - 171, 192.

［99］任颖. 自然保护地复合型环境风险防范：制度定位、治理模式与协同路径 ［J］. 法治论坛，2019（3）：46 – 59.

［100］沈兴兴，曾贤刚. 世界自然保护地治理模式发展趋势及启示 ［J］. 世界林业研究，2015，28（5）：44 – 49.

［101］石龙宇，李杜，陈蕾，等. 跨界自然保护区：实现生物多样性保护的新手段 ［J］. 生态学报，2012，32（21）：6892 – 6900.

［102］宋瑞. 国家公园治理体系建设的国际实践与中国探索 ［N］. 中国旅游报，2015 – 01 – 26（7）.

［103］宋莎，刘庆博，温亚利. 秦岭大熊猫保护区周边社区自然资源依赖度影响因素分析 ［J］. 浙江农林大学学报，2016，33（1）：130 – 136.

［104］宋爽，王帅，傅伯杰，等. 社会—生态系统适应性治理研究进展与展望 ［J］. 地理学报，2019，74（11）：2401 – 2410.

［105］宋文飞，李国平，韩先锋. 自然保护区生态保护与农民发展意向的冲突分析：基于陕西国家级自然保护区周边 660 户农民的调研数据 ［J］. 中国人口·资源与环境，2015，25（10）：139 – 149.

［106］苏杨. 国家公园的天是法治的天，国家公园的矿要永久地"旷"：解读《国家公园总体方案》之二 ［J］. 中国发展观察，2017（21）：45 – 49.

［107］苏杨. 多方共治、各尽所长才能形成生命共同体：解读《建立国家公园体制总体方案》之八 ［J］. 中国发展观察，2019（7）：50 – 54.

［108］孙百亮. "治理"模式的内在缺陷与政府主导的多元治理模式的构建 ［J］. 武汉理工大学学报（社会科学版），2010，23（3）：406 – 412.

［109］孙晶，刘建国，杨新军，等. 人类世可持续发展背景下的远程耦合框架及其应用 ［J］. 地理学报，2020，75（11）：2408 – 2416.

［110］孙萍，闫亭豫. 我国协同治理理论研究述评 ［J］. 理论月刊，2013（3）：107 – 112.

［111］谭宏利，温亚利，徐钰，等. 四川省栖息地周边社区对大熊猫保护的响应及影响因素：基于农户行为视角 ［J］. 资源开发与市场，2019，35（5）：673 – 677，740.

[112] 唐芳林，吕雪蕾，蔡芳，等．自然保护地整合优化方案思考［J］．风景园林，2020，27（3）：8-13.

[113] 唐芳林，王梦君，孙鸿雁．自然保护地管理体制的改革路径［J］．林业建设，2019（2）：1-5.

[114] 唐芳林．中国国家公园建设的理论与实践研究［D］．南京：南京林业大学，2010.

[115] 唐芳林．国家公园属性分析和建立国家公园体制的路径初探［J］．林业建设，2014（3）：1-8.

[116] 唐小平，蒋亚芳，赵智聪，等．我国国家公园设立标准研究［J］．林业资源管理，2020（2）：1-8，24.

[117] 唐小平．中国自然保护领域的历史性变革［J］．中国土地，2019（8）：9-13.

[118] 滕世华．公共治理理论及其引发的变革［J］．国家行政学院学报，2003（1）：44-45.

[119] 田国强．经济机制理论：信息效率与激励机制设计［J］．经济学（季刊），2003（2）：271-308.

[120] 田凯，黄金．国外治理理论研究：进程与争鸣［J］．政治学研究，2015（6）：47-58.

[121] 田玉麒．协同治理的运作逻辑与实践路径研究［D］．长春：吉林大学，2017.

[122] 汪芳．基于"权力-利益"矩阵的国家公园治理主体研究［J］．湖北经济学院学报，2021，19（5）：74-81.

[123] 王昌海，温亚利，李强，等．秦岭自然保护区群保护成本计量研究［J］．中国人口·资源与环境，2012，22（3）：130-136.

[124] 王昌海，温亚利，杨丽菲．秦岭大熊猫自然保护区周边社区对自然资源经济依赖度研究：以佛坪自然保护区周边社区为例［J］．资源科学，2010，32（7）：1315-1322.

[125] 王昌海．农户生态保护态度：新发现与政策启示［J］．管理世界，

2014 (11): 70 - 79.

[126] 王辉, 刘小宇, 郭建科, 等. 美国国家公园志愿者服务及机制: 以海峡群岛国家公园为例 [J]. 地理研究, 2016, 35 (6): 1193 - 1202.

[127] 王荣宇. 农村土地的治理模式与绩效分异研究 [D]. 杭州: 浙江大学, 2019.

[128] 王诗宗. 治理理论及其中国适用性 [D]. 杭州: 浙江大学, 2009.

[129] 王伟, 田瑜, 常明, 等. 跨界保护区网络构建研究进展 [J]. 生态学报, 2014, 34 (6): 1391 - 1400.

[130] 王兴伦. 多中心治理: 一种新的公共管理理论 [J]. 江苏行政学院学报, 2005 (1): 96 - 100.

[131] 王亚华. 增进公共事物治理: 奥斯特罗姆学术探微与应用 [M]. 北京: 清华大学出版社, 2017.

[132] 王彦凯. 国家公园公众参与制度研究 [D]. 贵阳: 贵州大学, 2019.

[133] 王应临, 张玉钧. 基于文献调研的中国自然保护地社区保护冲突类型及热点研究 [J]. 风景园林, 2019, 172 (11): 77 - 81.

[134] 王臻荣. 治理结构的演变: 政府、市场与民间组织的主体间关系分析 [J]. 中国行政管理, 2014 (11): 56 - 59.

[135] 韦贵红. 中国自然保护地役权实践 [J]. 小康, 2018 (25): 28 - 30.

[136] 韦惠兰, 鲁斌. 森林传统管护向社区共管转型的制度变迁探析: 基于对白水江保护区李子坝行政村的实证研究 [J]. 生态经济 (学术版), 2010 (2): 212 - 218.

[137] 温战强, 高尚仁, 郑光美. 澳大利亚保护地管理及其对中国的启示 [J]. 林业资源管理, 2008 (6): 117 - 124.

[138] [澳] 弗罗斯特, [新西兰] 霍尔. 旅游与国家公园: 发展、历史与演进的国际视野 [M]. 王连勇, 等, 译. 北京: 商务印书馆, 2014.

[139] 吴承照, 贾静. 基于复杂系统理论的我国国家公园管理机制初步研究 [J]. 旅游科学, 2017, 31 (3): 24 - 32.

[140] 吴承照. 保护地与国家公园的全球共识: 2014 IUCN 世界公园大会综述 [J]. 中国园林, 2015, 31 (11): 69-72.

[141] 吴信值. 国际和平公园: 概念辨析、基本特征与研究议题 [J]. 地理研究, 2018, 37 (10): 1947-1956.

[142] 谢庆奎. 中国政府的府际关系研究 [J]. 北京大学学报 (哲学社会科学版), 2000 (1): 26-34.

[143] 徐菲菲, 王化起, 何云梦. 基于产权理论的国家公园治理体系研究 [J]. 旅游科学, 2017, 31 (3): 65-74.

[144] 徐海根, 丁晖, 欧阳志云, 等. 中国实施 2020 年全球生物多样性目标的进展 [J]. 生态学报, 2016, 36 (13): 3847-3858.

[145] 薛云丽. 国家公园建设中原住居民权利保护研究 [D]. 兰州: 兰州理工大学, 2020.

[146] 杨锐. 试论世界国家公园运动的发展趋势 [J]. 中国园林, 2003, 19 (7): 10-16.

[147] 杨锐. 论中国国家公园体制建设中的九对关系 [J]. 中国园林, 2014, 30 (8): 5-8.

[148] 杨锐. 生态保护第一、国家代表性、全民公益性: 中国国家公园体制建设的三大理念 [J]. 生物多样性, 2017, 25 (10): 1040-1041.

[149] 杨宇明, 叶文, 孙鸿雁. 云南香格里拉普达措国家公园体制试点经验 [J]. 生物多样性, 2021, 29 (3): 325-327.

[150] 杨月, 黄凯, 黄宝荣. 国家公园建设背景下的公益型保护地研究进展 [J]. 中国环境管理, 2019, 11 (3): 72-76.

[151] 杨喆, 吴健. 中国自然保护区的保护成本及其区域分布 [J]. 自然资源学报, 2019, 34 (4): 839-852.

[152] 姚帅臣, 闵庆文, 焦雯珺, 等. 面向管理目标的国家公园生态监测指标体系构建与应用 [J]. 生态学报, 2019 (22): 1-11.

[153] 余中元, 李波, 张新时. 社会生态系统及脆弱性驱动机制分析 [J]. 生态学报, 2014, 34 (7): 1870-1879.

[154] 俞可平. 推进国家治理体系和治理能力现代化 [J]. 前线, 2014 (1)：5-8, 13.

[155] 臧振华, 张多, 王楠, 等. 中国首批国家公园体制试点的经验与成效、问题与建议 [J]. 生态学报, 2020, 40 (24)：8839-8850.

[156] 张朝枝, 曹静茵, 罗意林. 旅游还是游憩？我国国家公园的公众利用表述方式反思 [J]. 自然资源学报, 2019, 34 (9)：1797-1806.

[157] 张晨, 郭鑫, 翁苏桐, 等. 法国大区公园经验对钱江源国家公园体制试点区跨界治理体系构建的启示 [J]. 生物多样性, 2019, 27 (1)：97-103.

[158] 张丛林, 车晓旭, 郑诗豪, 等. 大熊猫国家公园四川片区生态价值实现机制研究 [J]. 国土资源情报, 2020 (6)：15-19.

[159] 张海霞, 吴俊. 国家公园特许经营制度变迁的多重逻辑 [J]. 南京林业大学学报 (人文社会科学版), 2019, 19 (3)：48-56, 69.

[160] 张海霞, 钟林生. 国家公园管理机构建设的制度逻辑与模式选择研究 [J]. 资源科学, 2017, 39 (1)：11-19.

[161] 张海霞. 国家公园的旅游规制研究 [D]. 上海：华东师范大学, 2010.

[162] 张婧雅, 张玉钧. 论国家公园建设的公众参与 [J]. 生物多样性, 2017, 25 (1)：80-87.

[163] 张克中. 公共治理之道：埃莉诺·奥斯特罗姆理论述评 [J]. 政治学研究, 2009 (6)：83-93.

[164] 张文松, 林洁. 国家公园合作治理：理性审视、法治实践与进路选择 [J]. 宁波大学学报 (人文科学版), 2019, 32 (4)：125-132.

[165] 张希武, 唐芳林. 中国国家公园的探索与实践 [M]. 北京：中国林业出版社, 2014.

[166] 张引, 庄优波, 杨锐. 法国国家公园管理和规划评述 [J]. 中国园林, 2018, 34 (7)：36-41.

[167] 张振威, 杨锐. 美国国家公园管理规划的公众参与制度 [J]. 中国园林, 2015, 31 (2)：23-27.

［168］赵士洞，张永民. 生态系统与人类福祉：千年生态系统评估的成就、贡献和展望［J］. 地球科学进展，2006（9）：895 – 902.

［169］郑杭生，邵占鹏. 治理理论的适用性、本土化与国际化［J］. 社会学评论，2015，3（2）：34 – 46.

［170］钟林生，肖练练. 中国国家公园体制试点建设路径选择与研究议题［J］. 资源科学，2017，39（1）：1 – 10.

［171］钟永德，徐美，刘艳，等. 典型国家公园体制比较分析［J］. 北京林业大学学报（社会科学版），2019，18（1）：45 – 51.

［172］周婷，李霞. 夹金山脉大熊猫栖息地社区居民遗产保护意识研究［J］. 农村经济与科技，2015，26（5）：89 – 90.

［173］周武忠，徐媛媛，周之澄. 国外国家公园管理模式［J］. 上海交通大学学报，2014，48（8）：1205 – 1212.

［174］周悦. 四川省大熊猫自然保护区集体林管理冲突研究［D］. 北京：北京林业大学，2016.

［175］邹晨斌. 国家公园建设中第三部门参与治理研究［D］. 杭州：浙江农林大学，2018.